中国名门家风丛书

王志民 主编　　　王钧林 刘爱敏 副主编

栖霞牟氏家风

王海鹏 著

人民出版社

总　序

优良家风：一脉承传的育人之基

王志民

　　家风，是每个人生长的第一人文环境，优良家风是中华优秀传统文化的宝库，而文化世家的家风则是这座宝库中散落的璀璨明珠。

　　历史上，中国是一个传统的农业宗法制社会，建立在血缘、婚姻基础上的家族是社会构成的基本细胞，也是国家政权的基础和支柱。《孟子》有言："国之本在家，家之本在身"，所谓中华文明的发展、传承，家族文化是个重要的载体。要大力弘扬中华优秀传统文化，就不可不深入探讨、挖掘家族文化。而家风，是一个家族社会观、人生观、价值观的凝聚，是家族文化的灵魂。

　　以文化教育之兴而致世代显贵的文化世家，在中华文明发展史上，是一个闪耀文化魅力之光的特殊群体。观其历程，先后经历了汉代经学世家、魏晋南北朝门阀士族、隋唐至清科举世家三个不同发展阶段。汉代重经学，经学世家以"遗子黄金满籯，不如教子一经"的信念，将"累世经学"与"累世公卿"融二为一，成为秦汉大一统之后民族文化经典的重要传承途径之一。魏晋南北朝是我国历史上一个分裂、割据，民族文化大交流、大融合时期，门阀士族以"九品中正制"为制度保障，不仅极大影响着政治、经济的发展，也是当时的文化及其人才聚集的中心所在。陈寅恪先生说：汉代以后，"学术中心移于家族，而家族复限于地域，故魏、晋、南北朝之学术宗教皆与家族、地域两点不可分离"。隋唐以后，实行科举考试，破除了门阀士族对文化的垄断，为普通知识分子开启了晋身仕途之门。明清时期，科举更成为唯一仕进之途。一个科举世家经由文化之兴、科举之荣、仕宦之显的奋斗过程，将世宦、世科、世学结合在了一起，成为政权保护、支持下的民族文化及其精神传承的重要节点连线。中国历史上的文化世家不仅记载着中华文化发展的历史轨迹，也积淀着中华民族生生不息的精神追求，是我们今天应该珍视的传统文化宝库。

分析、探究历史上文化世家的崛起、发展、兴盛，尤其是其持续数代乃至数百代久盛不衰的文化之因，择其要，则首推良好家风与优秀家学的传承。

优良家风既是一个文化世家兴盛之因，也是其永续发展之基。越是成功的家族，越是注重优良家风的培育与传承，越是注重优良家风的传承，越能促进家族的永续繁荣发展，从而形成良性的循环往复。家风的传递，往往以儒家伦理纲常为主导，以家训、家规、家书为载体，以劝学、修身、孝亲为重点，以怀祖德、惠子孙为指向，成为一个家族内部的精神连线和传家珍宝，传达着先辈对后代的厚望和父祖对子孙的诫勉，也营造出一个家族人才辈出、科甲连第、簪缨相接的重要先天环境和文化土壤。

通观中国历代文化世家家风的特点，具体来看，也许各有特色，深入观其共性，无不首重两途：一是耕读立家。以农立家，以学兴家，以仕发家，以求家族的稳定与繁荣。劝学与励志，家风与家学，往往紧密结合在一起。文化世家首先是书香世家，良好的家风往往与成功的家学结合在一起。耕稼是养家之基，教育即兴家之本。"学而优则仕"，当耕、读、仕达到了有机统一，优良家风的社会价值即得到充分的显现。二是道德传家。道德为人伦之根，亦为修身之基。一个家族，名显当世，惠及子孙者，唯有道德。以德治家，家和万事兴；以德传家，代代受其益。而道德的核心理念就是落实好儒家的核心价值观：仁、义、礼、智、信。中国传统知识分子的人生价值追求及国家的社会道德建设与家族家风的培育是直接紧密结合在一起的。家风是修身之本、齐家之要、治国之基。文化世家的优良家风积淀着丰厚的道德共识和治家智慧，是我们当今应该深入挖掘、阐释、弘扬的优秀传统文化宝藏。

20 世纪以来，中国社会发生了巨大的质性变化：文化世家存在的政治、经济、文化基础已经荡然无存，它们辉煌的业绩早已成为历史的记忆，其传承数代赖以昌隆盛邃的家风已随历史的发展飘忽而去。在中国由传统农业、农村社会加速向工业化、城市化转变的今天，我们还有没有必要去撞开记忆的大门，深入挖掘这一份珍贵的文化遗产呢？答案应该肯定的。习近平总书记曾经满含深情地指出："不忘历史，才能开辟未来；善于继承，才能善于创新。优秀传统文化是一个国家、一个民族传承和发展的根本，如果丢掉了，就割断了精神命脉。"优秀的传统家风文化，尤其是那些成功培育了一代代英才的文化世家的家风，积淀着一代代名人贤哲最深沉的精神追求和治家经验，是我们当今建设新型家庭、家风不可或缺的丰富文化营养。继承、创新、发展优良家风是我们当代人必须勇于开拓和承担的历史责任。

在中华各地域文化中，齐鲁文化有着特殊的地位与贡献。这里是中华文明最早的发源地之一，在被当代学者称为中华文明"轴心时代"的春秋战国时期,这里是中国文化的"重心"所在。傅斯年先生指出:"自春秋至王莽时,最上层的文化,只有一个重心,这一个重心,便是齐鲁。"(《夷夏东西说》)秦汉以后,中国的文化重心或入中原,或进关中,或迁江浙,或移燕赵,齐鲁的文化地位时有浮沉,但作为孔孟的故乡和儒家文化发源地,两千年来,齐鲁文化始终以"圣地"特有的文化影响力,为民族文化的传承、儒家思想的传播及中华民族精神家园的建设作出了其他地域难以替代的贡献。齐鲁文化的丰厚底蕴和历史传统,使齐鲁之地的文化世家在中国古代文化世家中更具有一种历史的典型性和代表性,深入挖掘和探索山东文化世家对研究中国历史上的文化世家即具有一种特殊的意义和重大价值。

自 2010 年年初,由我主持的重大科研攻关项目《山东文化世家研究书系》(以下简称《书系》)正式启动。该《书系》含书 28 种,共约 1000 万字,选取山东历史上的圣裔家族、经学世家、门阀士族、科举世家及特殊家族(苏禄王后裔、海源阁藏书楼家族等)五个不同类型家族展开了全方面探讨,并提出将家风、家学及其与文化名人培育的关系作为研究的重点,为新时期的家庭教育及家风建设提供历史的范例。该《书系》于 2013 年年底由中华书局出版后,在社会上、学术界都引起了较大反响。山东数家媒体对相关世家的家风进行了追踪调查与深度报道，人们对那些历史上连续数代人才辈出、科甲连第的世家文化产生了浓厚的兴趣；对如何吸取历史上传统家风中丰富的文化滋养，培育新时期的好家风给予了更多的关注与反思。人民出版社的同志抓住机遇，就如何深入挖掘、大力弘扬文化世家中的优良家风，培育社会主义核心价值观，重构新时代家风问题，主动与我们共同研究《中国名门家风丛书》的编撰与出版事宜，在全体作者的共同努力下，经过一年多的努力，终于完成。

该《中国名门家风丛书》，从《书系》所研究的 28 个文化世家中选取了家风特色突出、名人效应显著、历史资料丰富、当代启迪深刻的家族共 11 家，着重从家风及家训等探讨入手，对家族兴盛之因、人才辈出之由、优良道德传承之路等进行深入挖掘，并注重立足当代，从历史现象的透析中去追寻那些对新时期家风建设有益的文化营养，相信这套丛书的出版会受到社会各界的关注与喜爱！

2015 年 9 月 28 日

于山东师范大学齐鲁文化研究院

目　录

前　言

家风是指一个家庭或家族的传统风尚或作风，其中包括这一家庭或家族世代相传的道德言行准则、处世方法等。家风对家族或家庭最重要的影响体现在"对世族子弟的精神品格的塑造"。

家风的形成和承传主要有赖于家教。家族代表人物用于教育子弟、儆诫后人的家训、遗言等，最终都衍化为家族的规范，对家风的形成和传承有着十分重要的影响。各家族修撰的家谱、家传、家录等，其主要目的也是为了向子孙后代传递家族文化精神。

栖霞牟氏家族是明清以来山东最负盛名、最有影响力的家族之一，在全国也有着十分重要的地位。从明朝初年栖霞牟氏先祖牟敬祖入籍栖霞一直到民国建立之前的六百年间，牟氏家族经过艰苦拼搏、奋斗，在"读书取仕"上取得了辉煌的成就。据统计，明清时期，栖霞县先后共出现了28名进士，其中牟氏家族成员占了10名，超过总数的1/3；牟氏家族子弟得中举人者有29人。从明朝中后期至清代末年，牟氏家族共有七品以上官职者147人。同时，牟氏家族还出现了一大批知识渊博、博古通今的文化名人如经学大师牟庭、文学家牟应震、现代新儒学的代表牟宗三等。清道光、嘉庆年间，牟氏家族中的牟綧（zhǔn）、牟墨林父子经过艰苦创业，迅速暴发，一跃而成为名震胶东的大地主。牟墨林家族鼎盛时期，共拥有土地六万余亩，山峦十二万亩，住宅房、佃户房、店铺房等近五千五百余间，佃户村一百五十多个。

数百年来，牟氏家族仕途通显、人才辈出、薪火相传、日渐显闻，这一方面得益于它在科举道路上的非凡成就；另一方面则是与牟氏家族良好的、醇厚的家风与文化底蕴分不开的。

牟氏家族的家风是在牟氏家族崛起、发展、壮大的过程中逐渐形成、完善的，其初步形成大约于牟氏家族第十世"小八支"时期，此后代代相传，不断充实和深化。牟氏家族家风的主要内容可以概括为"耕读世业"、"勤俭持家"、"忠厚开基"、"孝悌传家"等方面，其中，"耕读"与"勤俭"是牟氏家族家风的主要基调。

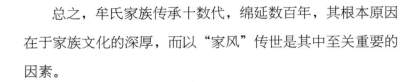

　　总之，牟氏家族传承十数代，绵延数百年，其根本原因在于家族文化的深厚，而以"家风"传世是其中至关重要的因素。

一、牟氏家族的兴起与牟氏家训

栖霞牟氏家族先祖牟敬祖原籍湖北公安县，明朝初年入籍栖霞。从明初至明末，栖霞牟氏家族多数家庭家境贫寒、地位卑微，在当地默默无闻。明末清初，牟氏家族通过刻苦攻读而崛起，并逐渐发展成为栖霞望族；清嘉庆、道光年间，牟氏家族中的牟綧、牟墨林父子通过艰苦创业，成为威震胶东的大地主。

从明朝初年算起，牟氏家族已经在栖霞繁衍生息了六百多年，其振兴、繁荣的时间则长达二百多年，堪称历史奇迹。

（一）牟氏家族的兴起

1. "老八支"与牟氏家族的崛起

栖霞名宦公牟氏之始祖，牟敬祖，原籍湖北公安县，岁贡出身。洪武三年（1370）被任命为山东登州府栖霞县主簿。三年任期满后，因身染大疾而不能归楚，遂落籍于栖霞县，由官变民，成为栖霞牟氏家族的一世祖先。

牟氏家族从二世到七世，由于家境贫寒，牟氏族人饱受困苦，更没有机会读书识字，所以全是平民百姓。再加上牟家是"外来户"，经常遭受别人的歧视，因此从牟敬祖入籍栖霞以来的近一百五十年间，整个牟氏家族一直在当地默默无闻。

牟氏家族有所起色是从第七世牟时俊开始的。牟时俊生于明正德年间，幼年家境贫寒，靠给同村富豪"万马刘家"放羊谋生。成年后，牟时俊与朱留村鲁氏成婚，先后生下道南、道一、道明、道远四子，鲁氏谢世十余年后，牟时俊续娶李氏，又生下道立、道行、道中、道平四子。这样，牟氏家族的人丁不断增加，老幼共有二十余口。随着牟氏家族人

3

口的增多，生活上的压力越来越大，断炊缺粮的事情时而发生。正所谓穷则思变，牟时俊回顾牟氏家族一百多年来的历史，清楚地看到，多少年来牟氏几代人一直内受生活煎熬、外受他族欺辱，主要是因为牟氏家族没有读书，缺少能人。他痛下决心，无论如何，一定要让子孙后代读书识字，于是"延明师，课诸子"。从此以后，牟氏全家在牟时俊训导和鞭策下，引领子弟发愤读书，走上了"读书仕进"的道路。经过努力拼搏，牟时俊八个儿子中最终有六人平步青云，取得功名，从而使得牟氏由一个寄人篱下的家族，渐居栖霞望族之列。这是整个牟氏家族开始走向振兴的起点，此兄弟八人则被其后裔尊称为牟氏"老八支"。可见，牟家的崛起，牟时俊功不可没，堪称牟氏家族崛起之奠基人。

"老八支"中得中功名或者走上仕途者六人，分别是牟道南、牟道一、牟道明、牟道立、牟道行、牟道中。牟时俊长子牟道南，万历壬辰（1592）得中贡生。次子牟道一，曾出任直隶省满城县尉，擢升河南滑县县丞。五子牟道立，明万历丙申（1596）拔贡，后出任直隶省涿州摄篆（掌印）州判，又擢升四川省叙州府（今宜宾市）通判。三子牟道明与七子牟道中，均为庠生。"老八支"中在科举和仕途中最有成就的是六子牟道行。牟道行，明万历十九年（1591）中举人，时仅 24 岁。这是自牟敬祖入籍栖霞以来，牟氏后人取得的级别最高的功名。万历四十二年（1614），经谒选出任河南省宜阳县知县，后擢升直隶省真定府同知。

"老八支"兄弟八人中，只有老四牟道远、老八牟道平两人没有功名，但是此二人虽未儒仕，亦非默默无闻。牟道远是"老八支"中唯一不攻学业者，对读书不感兴趣，却善于持家立业。后经努力创业，发展成为当地有名的大财主。他为供众兄弟子侄读书，竭尽全力，从来不计得失，其功德备受族人称颂。牟道平幼时亦同哥哥们一样，渴望夺得功名，光宗耀祖，但是读书无果，后弃学专心致力于家业，在众兄弟的帮衬下，亦家业暴富。总之，"老八支"无论是在科举仕途，还是在持家创业方面，都较前代有了很大的起色，这为牟氏家族日后的发展打下了良好的基础。

2."小八支"与牟氏家族的中兴

在牟氏家族"老八支"中，尽管出现了牟道行这样有显赫功名、忠君爱民的能臣，也出现了牟道远这样有头脑、能持家立业的大财主，然而，牟氏家族的发展也是时起时落，屡经坎坷。

牟氏家族的全面振兴是在第十世，此时正处于明清朝代更替之际。

5

1644 年，清军入关。清朝统治者为了稳固统治，对人民群众采取了减轻剥削、改革明朝弊政的诸多措施，对于巩固清朝统治，起了一定的作用。同时，清朝统治者对汉族地主采取了各种笼络的措施，其中，特别是开科取士的办法，对消除汉族士大夫的反清思想产生了重要影响。

在牟氏家族的崛起过程中，"老八支"牟道立之后代首当其冲，为牟氏家族的中兴奠定了基础。道立之子牟钶生了牟国须、牟国器两个儿子，长子牟国须于清顺治十一年（1654）中举，十八年（1661）中进士，这是牟氏家族的第一名进士。后出任河南渑池县知县。次子牟国器为邑北最大富绅。牟国器有一女，适栖霞著名武进士、小八支六房牟国琛之内弟孙靇（lóng）。

牟时俊六子牟道行，虽然只生两子，但后来长子牟镗却又生八子。牟镗为教子成才，亲自授课，读无虚日。此后，八子中两人中进士，其余也皆有成就。时人称誉"能教善诲"。然而，由于政局多变，世道艰难，在牟镗晚年，牟氏家族又出现了由盛速衰的态势。1652 年，牟镗去世，时长子牟国玠只有 22 岁，最小的八子牟国珑只有 8 岁，主持家业的重担一下子落到老大牟国玠的肩上。因家境贫寒，一家人只得整日靠以匏瓜作羹，勉强度日。在此逆境下，为了重振族风，恢复牟氏的家业，由老大牟国玠主持家政、老二牟作孚亲自做教师，兄弟八人和衷共济，发愤读书，终于使牟氏家族再度兴旺起来。

牟镗之长子牟国珍，16岁举博士弟子，郡邑皆已知名。康熙丙午（1666）以近不惑之年领乡荐，中举人，此后曾任长山县教谕八年。清康熙壬戌（1682）又考中进士；次子牟作孚，廪生，后祀乡贤；三子牟国璋，廪生，以卓行录入《邑乘·人物志》；四子牟国瓒，增生；五子牟国球，廪生；六子牟国琛，增生，以孝友录入《邑乘·人物志》；七子牟国瑾，增生；八子牟国珑，22岁补为博士弟子、37岁中举、清康熙三十年（1691）44岁晋进士、52岁出任直隶南宫县知县。此兄弟八人，接连出了两名进士，名震乡里，光宗耀祖，大大提高了牟氏家族的知名度和影响力。总之，牟国珍兄弟八人，主要通过"读书仕进"之路，将牟氏家族由栖霞普通望族又推上一个新的高度，登栖霞牟、林、郝、李四大望族之首。后来，此兄弟八人被牟氏后裔尊称为"小八支"。

3. 牟氏家族"读书仕进"之路的巅峰

"小八支"兄弟八人齐心协力，不但在本代卓有成就，而且更为重要的是，他们非常重视对子孙后代的教育，对后裔修立家训，耳提面命，言传身教，使其后牟氏家族五代均

栖霞牟氏先祖牟敬祖画像

人才济济、声名显赫，因此牟氏家族从十一世至十五世，可以说是最为春风得意的时候。特别是到第十四世时，牟氏家族出现了多位名人，从而使得牟氏家族在"读书仕进"的道路上达到了巅峰。

牟氏家族在十一世先后出了两名进士，分别是牟恒和牟愿。牟恒，牟作孚之子，15岁补博士弟子员，33岁中举，37岁中进士。初任内阁中书，历户、礼二部郎中，后因廉洁清正，旋提监察御史，曾多次"代天巡狩"；牟愿，36岁中举，49岁中进士，初任江苏武进县，后移宰睢宁，治行举江南第一，后被人称为清初江南"清官第一"。

至十二世，牟氏家族更是了得，接连出了两名进士与两名举人。牟国球长子牟恬，生牟曰笏、牟曰管、牟曰箸三子。牟曰笏于雍正元年（1723）中举，次年联捷进士。后任河南光山县知县；牟曰管于雍正元年（1723）与曰笏同科中举，后出任邹平县教谕；牟曰箸，乾隆十二年（1747）中举，翌年联捷进士。初任陕西泾阳知县，左迁山东济南府教授、德州府学正。此兄弟三人中，两位中进士，一位中举人，曾被人誉为"一门三进士"。除了以上三人外，牟氏家族十二世中另外一个得中举人的是老八支牟道立的孙子牟曰苞。牟曰苞于康熙三十五年中举，曾出任掖县、邹平县教谕。后因政绩突出，升辽宁省安东卫教授。

牟氏家族在十三世出了牟绥、牟岱两位举人。牟绥，牟之仪仲子，辛卯（1771）举人。乾隆五十年（1785）出任莱芜教谕。牟岱，雍正壬子（1732）举人。初任四川江津县知县，后任山东鱼台教谕。

牟氏家族在第十四世时，硕果连连，不仅先后有两名进士、两名举人，在其他领域也出现了非常重要的人物。十四世堪称牟氏家族在科举功名方面的巅峰时期。

牟国琛之玄孙、牟暄之子牟昌裕，乾隆四十二年（1777）拔贡，又本科举人，五十五年（1780）中进士。因学业突出被钦点为翰林院庶吉士。后历任工部虞衡司主事、都水司主事、营膳司员外郎、郎中，顺天乡试同考官，江南道、云南道、河南道监察御史。

牟国珑之玄孙中，出了三位重要的人物：一是进士牟贞相；二是中国著名的经学家、名士牟庭；三就是大地主牟墨林。牟贞相，牟之仪之四孙、愿相从兄。乾隆甲午（1774）科举人，戊戌（1778）科进士，授直隶省肥乡县知县，后调署满城县。牟庭，贞相胞弟，19 岁补诸生，被山东学使赵鹿泉称为"山左第一秀才"。曾任观城县训导，后终生著书立说，先后积累下五十余部手稿，成为著名经学家。代表作有《同文尚书》、《诗切》等。牟墨林，嘉庆间太学生，虽然功名并不显赫，但是却善于经营，为牟家创下了一大笔产业，使得牟家成为远近闻名的首富之家。

十四世的两名举人分别是牟应震和牟秋馥。牟应震，乾隆癸卯（1783）中举人，曾任禹城训导二十余年，后升青州副教授。牟秋馥，嘉庆戊午（1798）举人，但未出仕。

十五世时，虽然与前世相比有所逊色，但是其成就依然不菲，出现了一名进士、两名举人和一名武举，分别是牟雯、牟所、牟房和牟英奎。牟昌裕从子牟雯，嘉庆丁丑（1817）科进士，曾任三水县知县，后升邠州、直隶州知州。牟贞相之独子牟所，道光乙酉（1825）拔贡，道光丁酉（1837）举人。先后充任工部铅子库与都水司主事。补南河同知，授五品衔。牟所自幼嗜金石、工翰墨，其书法纵横离奇，自成一家，曾被尚书、道州何凌汉称之为"山左书法第一"。牟房，牟庭次子，嘉庆戊寅（1818）科举人。初任长清、高密、恩县等县训导，又历任浙江会稽、安吉等县知县。牟英奎，原名耕，字星甫，道光己亥（1839）武举。

从十六世开始，牟氏家族明显出现了衰落的趋势，只出现了一名举人牟温典。牟温典，道光庚子（1840）举人，历任浙江松阳、磁溪、奉化知县，因有功于朝廷，升海宁州知州，道光戊午（1858）浙江乡试同考官。牟温典是牟氏家族的最后一位举人。在此以后，历史进入了近代，牟氏家族虽然大多数成员依然在"读书仕进"的道路上拼搏努力，但是却再也未能取得举人以上的功名。牟氏家族在科举功名方面衰落的迹象由此可见一斑。

4. 牟氏家业的扩大与暴发

从牟敬祖落籍栖霞一直到第七世牟时俊，牟氏家族家境贫寒，饱受生活之艰辛，几乎没有什么家业可言。只是到"老八支"时，牟道远、牟道平勤劳朴实、生活俭约，致使家业稍稍有所起色，但其他兄弟六人致力于读书取仕，家境依然十分艰难。

到牟氏家族第九世时，大多数子弟处于捉襟见肘、仅足温饱的境地。第十世"小八支"牟国玠兄弟八人年幼时，因家境贫寒，一家人只得整日靠以匏瓜作羹，才勉强度日。此后，一直到第十三世，牟氏家族的多数子弟主要精力一直放在"读书取仕"之上，接连取得了许多名震乡里的成就，但是多少年来，牟家的日子一点也不富足。

牟氏家族在家业方面真正拥有实力是从十三世牟绰以及其子牟墨林开始的。

牟氏十世牟国珑长孙牟之仪，原居栖霞悦心亭。乾隆七年（1742）牟之仪与叔父分家后，当时有土地三百余亩。牟之仪生有五子，五子长大成人后，分家另立。牟之仪去世

年氏庄司出土元宝

时，五子牟绰年仅 7 岁。分家后，牟绰分得土地 60 亩，迁到古镇都村西头平房居住，成为自耕农。牟绰视这 60 亩地为命根子，勤于劳作，省吃俭用，拼命积攒家财。通过多年的辛勤劳动和积攒，牟绰终于使家境渐渐有了起色，由一个仅足勉强维持日常之用的小自耕农逐渐转变为一个生活还算宽裕的小地主。

嘉庆年间，东北的粮食连年丰收，而关内遭遇大灾，粮食紧缺，广大百姓忍冻挨饿，生活艰难。为了缓解灾民的困难，同时也为了抓住这个商机，赚取利润，牟绰冒着巨大的风险，自己租船到辽东做起了贩卖粮食的生意。这样，牟绰亦农亦商，经过几十年的奋斗，将土地发展到一千余亩，为牟家的发迹奠定了雄厚的经济实力。

牟绰在 46 岁时，生下了独子牟墨林。本来，牟墨林这一辈堂兄弟都是泛"相"字辈的，因为牟绰对他有很高的期望，渴望他读书有成、金榜题名，所以给他起名为"墨林"。牟墨林年少时，家境日渐富足，牟绰专门找了塾师，教他读书识字。而牟墨林闲暇之时，喜欢跟长工打交道，经常跟着长工们一起干活。时间一长，牟墨林慢慢对农耕之事有了兴趣。后来，牟墨林的学业有了增长，成为太学生，在务农方面也成了行家里手。

清道光十三年开始，栖霞发生了百年不遇的大灾，灾情延续三年之久。严重的灾害使得饥殍遍野、民不聊生。粮食奇缺，粟贵如珠，斗米值千钱。牟墨林家积存的粮食全部赈济了灾民，官府也无粮可赈，整个栖霞境内已经到了无粮可食的地步。

饥民们为了生存，经过协商，由部分乡绅出面，请求牟墨林到东北贩运粮食，以救民于水火。然而这个买卖不但路途遥远，而且途中的风险极大，弄不好甚至有性命之虞。牟墨林曾经想联合其他地主士绅一起去贩粮，但是其他人不是担心路途危险，就是害怕血本无归，都拒绝了牟墨林的要求。最后，牟墨林实在不忍心眼睁睁看着灾民饥饿而死，决定不计个人安危，孤注一掷，大胆一试。他经过周密安排，组织了一帮精明能干的伙计，踏上了千里迢迢、危险重重的贩粮之路。初战告捷后，牟墨林又先后冒险去东北贩运了几次高粱。

牟墨林贩粮回来后略微加价转卖给灾民。有的灾民家中，除仅剩的几亩荒芜的田地，已是一无所有，无钱买粮，牟墨林便同意他们可以以地换粮。这样，很多饥民虽没有了土地，但是换来了救命粮，获得了活命的机会。他们对牟墨林感恩戴德，把他视为救苦救难的活菩萨。而牟墨林以库财一空的代价，拯救了大批饥民的生命，而且换来了大量的土地，使自己的家业急剧发展起来。

牟氏庄园"西忠来"外观

从表面上看，牟墨林的暴发得益于一场大的自然灾害。其实，牟墨林的暴发并不完全是偶然的。天灾只是为牟氏家族的暴发提供了有利的机会，然而若没有牟墨林的大公大德之心，也就没有牟墨林的暴发。

牟墨林去世后，他的子孙分家，到光绪年间形成了以他六个孙子各立门户的六大家，其中牟宗植为日新堂，牟宗朴为宝善堂，牟忠夔为西忠来，牟宗彝为东忠来，牟宗榘为南忠来，牟宗梅为师古堂（又称阜有）。六大家形成后，各家凭借强大的经济实力，继续扩充土地，积聚财富，产业持续扩大。牟家在鼎盛时期，拥有土地六万亩，山峦十二万亩，佃户村一百五十多个，各种房屋五千五百余间，仅其住宅就达到四百八十余间。牟家并不是皇亲国戚，也不是什么达官显贵，而是由普通的自耕农家庭一步步发展成为富足一方的大地主，千百年来实在罕见。

过去常说富不过三代。可是，从牟墨林的父亲牟绰开始一直到 1947 年土地改革之前，牟家经历了五代人的鼎盛，历时二百多年，堪称奇迹。

到民国时期，由于战乱、社会动荡以及家族内部的堕落腐化、矛盾纷争，牟氏家族开始走向衰落。抗日战争结束后，随着新民主主义革命不断走向胜利，随着中国共产党领导的土地改革在广大农村的展开，封建地主庄园经济在中国彻底消失，牟氏家族的辉煌历史也随之成为过往烟云。

（二）牟氏家训

家训是指家族或者家庭对子孙立身处世、持家治业的教诲。家训是中国传统文化的重要组成部分，也是各家族家谱的重要内容。家训不仅对约束家族子弟、稳定家庭内部的秩序、维护封建礼法制度起着十分重要的作用，还对家风的形成及其特点有着重要的影响。

1. 牟时俊初立家训

在牟氏家族中，最早明确确立家训的是第七世牟时俊。当时的家训内容很简单，只有一句话，即"延明师，课诸子"，然而牟氏家族的崛起从根本上说就是这一家训的直接结果。

从明朝初年牟敬祖入籍栖霞一直到明正德年间，牟氏家族已经在栖霞繁衍生活了近一百五十年。然而由于家境贫寒，牟氏族人从二世到七世，饱受困苦，没有机会读书识字，亦没有机会获得功名，全族上下都是布衣之身，在当地没有社会地位，自然也没有什么影响。令牟家人感到最难受的是，长期以来牟家一直被当地人视为"外来户"，经常遭受别人的歧视。再加上多年来牟家丁稀族弱，所以牟氏家族族人处事唯唯诺诺，谨慎小心，遇事则含辱忍让，不与人争。

牟时俊为牟氏家族第七世，生于明正德年间。由于家里贫穷，他从七八岁开始就给刘家放羊倌。牟时俊成年后，娶鲁氏为妻。十年间，鲁氏接连为牟家生下四个男孩，分别取名字道南、道一、道明、道远。由于家中人口猛增，家境更加窘困，牟时俊夫妻俩起早贪黑，努力劳作以养家糊口。不幸的是，不久鲁氏因劳累过度，卧床不起，不到年余，刚满 30 岁的鲁氏终因病情恶化，撇下四个未成年的孩子撒手人寰。对牟时俊来说，鲁氏的溘然早逝无异晴空霹雳。全家的重担全部落在他一个人头上，日子也更加艰难。鲁氏谢世后十余年间，牟时俊一直孤身未娶。四个孩子主要由老母拉扯，牟时俊则拼命干活，养活一家六口。经过牟时俊十几年的辛勤操持，四个孩子相继长大，家境也有所好转。随后牟时俊续娶年轻的李氏为妻。不到十年光景，李氏又先后为牟家生下四子，分别为道立、道行、道中、道平。当八子牟道平出生时，长子牟道南亦长大成人，并娶妻生子牟钲。这样，牟氏家族的人丁不断增加，老幼共有二十余口，真可谓人丁兴旺。

在中国古代社会中，"人丁兴旺"、"家大业大"是人们对家族发展的渴望和追求。此时牟家尽管还没有什么家业，但是人丁的增加，使得牟氏家族的整体实力有了很大增长，四邻八里的人们再也不敢像以前那样动辄对牟家冷眼相对。同时，子孙满堂、兄弟同心为以后创家立业、振兴家族也打下了良好的前提和基础。

牟时俊看到满堂的儿女，既有难掩的喜悦，也有说不出的苦衷。子孙兴旺使他对牟家以后的发展更有了信心，但是人口的急剧增多，也给牟家的生活带来了越来越大的压力，一家二十多张口每天都等着吃饭，而断炊缺粮的事情却时而发生。

正所谓穷则思变。牟时俊清醒地认识到，牟家绝不能像原先那样苟延残喘地生活，必须寻找出路，才能彻底改变现在的窘困处境。如果随波逐流，不仅家族振兴无从谈起，就连家族的生存都是个大问题。回顾牟氏家族一百多年来的历史，他清楚地看到，多少年来牟氏几代人一直内受生活煎熬，外受他族欺辱，主要是因为牟氏家族缺少能人，没有作为。他慢慢领会了"万般皆下品，唯有读书高"这句话的深刻内涵。他痛下决心，无论如何，一定要让子孙后代读书识字。于是，牟时俊不顾生活艰辛，"延明师，课诸子"。家中子弟，除四子牟道远身有残疾行动不便外，在老大牟道南的带领下，专心读书。从此以后，牟氏全家在牟时俊训导和鞭策下，走上了"读书士进"的道路。

"苍天不负有心人。"牟家子弟经过多年的寒窗苦读，终于万历年间开枝散叶，结出硕果。万历十六年，牟道远年仅14岁的长子牟锾（huán）考中监生。万历十九年，牟道行考中举人，年仅24岁。他是牟家的第一位举人。从此，人们开始对牟家刮目相看。万历二十年，牟时俊长子牟道南考中贡生；万历二十二年，牟道南长子牟钲考中拔贡；万历二十四年，30岁的牟道立也考中拔贡。次子牟道一考中贡生。此外，牟道明与牟道中也考中庠生。这样，牟时俊八个儿子中有六人取得功名，二一七孙中亦有二十人取得功名。这是整个牟氏家族走向振兴的起点，牟氏逐渐由一个寄人篱下的家族，渐居栖霞望族之列。

在牟氏家族早期崛起的过程中，牟时俊功不可没，堪称牟氏家族崛起之奠基人。这不仅是因为他生了八个儿子，使牟氏家族人丁兴旺，最重要的是，他不畏艰难，在逆境中确立了"延明师，课诸子"的家训。这寥寥几字囊括了牟时俊的大胸怀和大志向，为牟氏家族以后的发展确定了"读书取仕"的道路，从而成为家族振兴的指南。

牟氏庄园甬道，左侧为体恕斋院门

2. 牟国玠《体恕斋家训》与《凤伯公遗命》

牟氏家训在第七世牟时俊时，尚处于萌芽时期，内容十分简单，但牟时俊家训对牟氏家族的崛起起了直接的推动作用；同时，牟氏家训正是随着牟氏家族的进一步崛起、振兴而不断得到完善、系统化。

牟氏家族的真正崛起是第十世，特别是牟氏"小八支"，无论科举功名，还是仕宦为官，都取得了令世人瞩目的成就，牟氏家族家训的完善与发展也正是在这一时期。"小八支"中的牟国玠、牟作孚、牟国琛以及第十一世中的牟恁等人都曾对牟氏家训的完善和发展作出贡献。

牟国玠是牟镗长子、牟氏家族第十世"小八支"长兄。顺治九年（1652），牟镗因疾而卒，全家的重担一下子落到了年仅23岁的牟国玠肩上。当时，牟家家境每况愈下，几近贫寒，生活困苦不堪。作为长子的牟国玠克服重重困难，自主家政。在日常生活中，无论为人处世、读书课业，牟国玠皆为众弟师表。1661年，因"于七案"牵连，牟氏兄弟八人中七人被逮下狱。济南系桌狱三年期间，多亏牟国玠不断教育、鼓励诸弟，并与诸弟相约，读书不懈，才最终熬过了非人的岁月。冤情昭雪后，牟国玠又率先中举人、中进士，因此他在兄弟中享有很高的威望，深得众兄弟敬重。

　　牟国珔作为"小八支"长兄，对振兴家族负有深深的使命感和责任感，他不时回顾牟氏家族的坎坷与辉煌，不断总结经验和教训。牟国珔深深体会到先祖"延明师，课诸子"遗训的重要意义，从而更加坚定了以攻读为业、读书取仕的决心。他陆续写出《体恕斋家训并序》、《体恕斋家训规则并序》、《凤伯公遗命》等文，以为子孙后代鉴，并对后世子弟寄予了很高的期望。这些文章是牟氏家训日益走向系统化的标志。

　　《体恕斋家训》大约写于从济南出狱回到家乡栖霞后。体恕斋是当时牟家进行家族议事、教育子女的场所。为了牟氏家族以后的发展，牟国珔不断总结自己处世教子的经验和教训，同时结合自家的实际情况，制订家训以鞭策牟家子弟，并命名为《体恕斋家训》。

　　在《体恕斋家训并序》中，牟国珔首先把牟氏家族取得的成就归于先祖，他说："吾家自籍吾邑，盖三百年矣。忠厚开基，垂今十世，书香相继，绵远悠长，皆我前人之积行，有以致之也。"然后，他表达了对子孙后代的殷切期望。

　　《体恕斋家训》共包括"敦伦"、"守身"、"笃学"、"取友"、"谦恭"、"祛私"、"启过"、"宜家"、"课子"、"勤俭"、"输课"、"守法"、"行恕"、"修睦"、"恤下"、"为善"、"服官"、"作忠"十八个方面，又被称为牟氏"十八训"。

《体恕斋家训》以"敦伦"开篇:"地义天经,生民固有。圣人因之,教乃不朽。施爱施敬,惟孝惟友。咨尔小子,身体力行";而以"作忠"作为归结:"思皇多士,王国之桢。家修庭献,为翼听明。君恩浩大,臣宜忠贞。咨尔小子,报国惟诚。"其中,还继承和发扬了先祖牟时俊"延明师,课诸子"的祖训,特别强调了"课子"的重要性:"箕裘世及,子肖家昌。爱而不教,非爱实戕。姬公抗挞,窦氏义方。咨尔小子,严课无荒。"在《体恕斋家训》最后,牟国珔对家训的要点,特别是这些内容之间的关系作了归纳和说明,他说:"首训敦伦,以人莫重乎比也。然身为之本,修身非学不为功。友者,学之助也;谦恭者,德之舆也。祛私改过,则修德力学之大关键也。而后可以理家,而后可以教子。勤俭,居家之大务;输课、守法,保业之良图。以至行恕、修睦、恤下、为善,皆忠厚之王道,立达之公心也。能是数者,可以出而仕矣,故结之以作忠。"由此可见,无论从内容还是从结构上都强调和突出了道德为先、崇尚先人的教育理念,反映出牟国珔"修身、齐家、治国、平天下"的思路和情怀。

《体恕斋家训规则》的写作时间略晚于《体恕斋家训》。

康熙年间,随着牟氏家族的崛起,生活条件大为改善,但是同时在众子弟中懒惰、安逸的思想也在不断滋长。面对这种状况，牟国玠"居安思危"，深为忧虑。牟国玠深知"养不教，父之过。教不严，师之惰"的道理。他清醒地看到，如果这些懒惰、安逸的思想不及时加以治理，任其蔓延，后果将不堪设想，而自己则有不可推卸的责任，无颜面对先祖。因此，在制订《体恕斋家训》的同时，牟国玠又制订了《体恕斋家训规则》，以加强对子弟的监督和引导。

在《体恕斋家训规则并序》中，牟国玠把牟家崛起的原因首先归于"仰承天眷，幸邀国恩"，然后着重强调了牟氏先祖"披荆斩棘"、"不畏艰险"的奋斗精神。他期望子弟继承先祖优良传统，在"读书取仕"的道路上不懈奋斗。

《体恕斋家训规则》具体内容共有十条，第一条强调"读书以修德为本，子侄中有败德、堕行、亏体、辱亲者，主前公同罚跪，重责十板，不拘长幼，每犯必惩，断不姑恕"；其余九条都是关于"读书"与"科试"，可见牟氏家族对"读书取仕"的重视。《体恕斋家训规则》对家族子弟参加科举考试的年龄及其考试名次等均作出了要求，如果达不到要求，则不仅家族子弟会受到相应的处罚，甚至其父辈也要一同被罚跪或挨板子。当然，惩罚并不是目的，制订《体恕斋家训规则》的目的主要是让子弟及其后代引以自戒，加强自律。总之，《体恕斋家训规则》是《体恕斋家训》的补充，各种具体规则与《体恕斋家训》的具体内容相得益彰，对家族子弟产生了重要的约束和督促作用。

除《体恕斋家训》、《体恕斋家训规则》之外，牟国珚在晚年临终前还留下了一篇《凤伯公遗命》，这同样是牟氏家训的重要文献。晚年，牟国珚回顾自己的一生和牟家几十年来的发展，对牟家取得的成就及其牟氏家族的振兴倍感自豪，对牟氏家族的未来也充满了信心，同时也怀有更为殷切的期望。

与《体恕斋家训》相比，《凤伯公遗命》的内容更为细致、具体。《凤伯公遗命》共十六条，分为两部分。第一部分包括前七条，主要是牟国珚训导子孙的宗旨、基本原则和总的指导思想。其中，第一、二条首重"修身"、"处世"，指出："修己之功，祛私为本，处世之道，容德为先，宁守拘方，勿工巧慧。"《凤伯公遗命》第二部分分别涉及"德义训家"、"课子读书"、"完纳国课"、"宽以驭下人"、"谨男女之际"、"俭以居家，量入为出"、"禁用美艳之婢"等问题，这些都是牟国珚对子弟的日常生活、为人处世提出的具体要求。

在《凤伯公遗命》中，牟国珚特别强调了"修德力学"四字，指出："守此所以尽孝，移此可以作忠，为人之大端尽是矣。"《凤伯公遗命》是牟国珚对于子孙的临终嘱托，其训导子孙"修身"、"立德"之言可谓甚是恳切。

3. 牟作孚家训与牟国琛《树德务滋家训》

在牟氏家族家训的发展中，除牟国玠之外，牟作孚、牟国琛的贡献也十分突出。

牟作孚（1633—1702）是牟镗次子、牟国玠仲弟，原名国璞。父母去世时，牟作孚年仅 19 岁，家境困难。牟作孚对长兄牟国玠说："困至此极矣，非奋志读书，无能有起色。"牟国玠亦深有感触。此后，牟国玠督促众弟兄日夜发愤读书。

牟作孚一面严于律己，处处为诸弟模范；一面协助长兄勖勉诸弟。他曾写下家训警句告诫自己说："尔弟幼，惟尔辈是依。有能抑其骄，制其矜，教以义，帅以正，鼓舞以作其勤，挞记以戒其惰，是惕其心者也，戚也；有缄其口，藏其舌，诱以淫佚，倡以邪说，待之如宾，加之以貌，是怠其心者也，疏也。尔尚念兹其日，诵无忘。"又告诫诸弟说："尔幼，惟尔诸兄是依，尔诸兄有抑尔骄、制尔矜、教尔义、帅尔正，鼓舞以作尔勤，挞记以惩尔惰，是戚尔也，尔其敬而从之；苟反是，是疏尔也，尔其和以商之。尔尚念兹其日，诵无忘。"

长兄牟国玠对牟作孚的建议与主张给予了充分肯定，曾作诗赞曰："人有百行，孝为之首，亲其往矣，孝乃在友。

幼弟无成，惟我之咎，先训如在，铭心诵口。”又曰：“人有百行，孝为之首，亲其往矣，志昌厥后。身为白丁，云胡不恸，先训如在，铭心诵口。”可见，牟作孚所立家训内容虽言简意赅，但在“小八支”振兴过程中亦功不可没。

经过牟国玠、牟作孚众兄弟的共同努力，在长兄牟国玠与八弟国珑分别于1682年、1688年得中进士之后不久，牟作孚子恒于康熙二十九年（1690）中举人，于康熙三十三年（1694）考中进士。牟恒初任内阁中书，历任户、礼二部郎中等职，因其廉泊清正，康熙帝大悦，特赐《周易》、《孝经》以示鼓励，并旋提升为监察御史。对于家族的荣光，族人皆谓：“家训之报也。”

牟国琛，牟镗六子，上有五位兄长，下有两位幼弟。牟国琛十二三岁时，父母相继去世，全靠牟国玠等诸位兄长拉扯长大，因此对兄长有极其深厚的感情；而牟国琛为人严正朴诚，受其兄长影响，在幼弟面前又岸然犹长者。

济南冤狱结案后，牟氏兄弟专心“读书取仕”。牟国琛见二哥牟作孚之子牟恒自幼聪颖，善撰文章，有异才，于是尽心教之。康熙二十九年，牟恒、牟悯参加省试，双双中举。牟国琛闻讯后，“喜出望外，心不自安，悚惕激切而为之言。”《树德务滋家训》就是在这样的情况下写成的。

《树德务滋家训》总共二十一条，首重孝悌。这是《树德务滋家训》内容的特点之一，与牟国琛的人生经历也有着密切的关系。牟国琛自幼父母双亡，全靠长兄拉扯照顾，对长兄怀有深厚感情，牟国琛不仅自己尊敬兄长、"事之如父"，还要求自己的孩子也要效仿自己，恭敬各位大伯，因此，"孝悌"被列为《树德务滋家训》的第一条。

牟国琛非常注重对子孙的道德教育，这是《树德务滋家训》的又一特色。他要求子孙"敬重道德高尚之士，疏远货财谀谀之人。"在教育子女方面，牟国琛要求做长辈者不仅要"言传"，更重要的是"身教"。在为人处事方面，牟国琛要求子孙务必"谦和逊让，处处皆然"，"乡党邻里，无论贫富贵贱，俱不可以傲气相加。"在家训的最后，牟国琛还对家族中将来"出仕为官"者提出了明确的要求："居官事无大小，曲体情理，勿挠于众，勿执于己，虚公详慎，务求可以对天地，可以答君父，可以远祸患，可以兴子孙。"此外，《树德务滋家训并叙》中还涉及"勿多收婢仆"、"崇尚俭朴"、"勿蓄私财"、"勿轻纳妾"、"夫妇和好，勿生嫌疑"等多个具体的问题。

由上可见，《树德务滋家训》的绝大多数内容都是就某一具体事项作出要求；再者，从内容的编排来看，线索并不甚明显，由此推断，确为牟国琛"悚惕激切"之语。

《树德务滋家训》写成后不久，牟国琛侄牟恒于康熙二十九年得中进士。牟恒自幼受六叔牟国琛教导，与牟国琛感情深厚，此后《树德务滋家训》随着牟恒入仕为官而在士大夫当中传播开来。

4. 牟氏家训的演进

牟氏家族第七世牟时俊为家族立下了"延明师，课诸子"的祖训，确立了"读书取仕"的目标，从而为家族的振兴找到了正确的道路。然而，"读书取仕"的道路并不适合所有家族子弟。

从第八世开始，牟氏家族的人口急剧增加，而众子弟或志趣不同，或天分不一，情况十分复杂。大部分子弟遵循牟时俊祖训，刻苦攻读，走上"读书取仕"之路，然而对有些人来说，或者对读书实在不感兴趣，或者受能力所限，自知即便勉强读书也无缘在"读书取仕"的道路上有所成就，因此干脆放弃"读书取仕"的目标，另辟蹊径；再者，全家多数子弟专心读书，需要一定的经济实力来维持全家生计，这也就要求家族子弟中必须有人专心持家立业。牟时俊四子牟道远就是"老八支"中唯一不攻学业者，他为维持全家二十余口人之生计，为供众兄弟子侄读书，起早贪黑，做工织布，辛苦劳作，为家族的振兴贡献颇多，其功德备受族人称

31

颂。牟道远在持家立业中为家族积聚了财富，自己也积累了丰富的经验，逐渐产生了"求财不求官"的思想。这种思想对牟氏家族的某些子弟产生了重要的影响。

在"读书取仕"的道路上，"小八支"是牟氏家族中取得成就最辉煌的。"小八支"兄弟八人中，牟国玠、牟国珑得中进士，其余六人也各有功名。牟国玠曾任长山县教谕八年，牟国珑初任直隶南宫县令，后又任顺天乡试同考官。然而，步入仕途固然是大多数平民百姓的梦寐以求，但是仕途之险恶也绝非平常人所能理解。牟国珑为官廉明仁厚，刚直不阿，断案秉公执法，且设馆讲学，鼓励农耕，政绩颇多，当地百姓皆称颂不已，却不为权贵所容。康熙三十八年，牟国珑出任顺天乡试同考官时，遭某权贵挟恨诬陷营私舞弊讼于吏部，被迫于康熙三十九年解职归田。牟国珑的遭遇，给牟氏家族敲响了警钟，人们开始切实认识到"仕途之路"远非想象中得那么美好。

几年后，牟国珑遭诬陷一案昭雪，都门故人多劝他复出，但牟国珑对官场黑暗十分失望，决意不再出仕。在长期的隐居生活中，牟国珑对人生的追求发生了很大变化，"重农轻官"的思想有了进一步发展。他不断告诫家族子弟要努力读书，但不要以做官为目的；同时要求子弟潜心农耕、持家立业、安分守己地过日子，最终形成了"耕读世业，勤俭

牟氏家族祠堂西山装饰

家风"的家训。这样，在牟国珑的倡导下，在"读书取仕"的祖训之外，牟氏家训中增添了新的内容。此后，牟氏家族中有人离开"读书取仕"的独木桥，把精力专心用在土地经营、持家立业之上。经过几代人的不懈努力，牟氏家族经济实力稳步上升，终于在十四世牟墨林时由小地主暴发而成为闻名胶东、拥有六万亩土地、十二万亩山峦的大地主。

牟国珑"耕读世业，勤俭家风"家训的提出，有着比较特殊的背景。从表面看来，倡导"耕读"与"读书取仕"的道路似乎背离甚远，但是如果着眼于牟氏家族几百年来的发展史可以看出，这些警训可谓相得益彰、相辅相成，都对牟氏家族的发展产生了重要影响。需要特别指出的是，就倡导"耕读"与"读书取仕"两条道路对牟氏家族地位的影响而言，前者丝毫不逊色于后者。后来，牟国珑的裔孙特意请清末大书法家莱阳人王塆将"耕读世业，勤俭家风"的家训书写并雕刻在"西忠来"的黑漆大门上，以昭示后人。

总之，牟氏"小八支"众兄弟中有多人都曾为牟氏家训的发展、完善作出重要贡献，致使牟氏家训日渐走向系统化、具体化。牟氏家训的发展、完善，一方面促进了"小八支"的崛起，使牟氏家族一跃而成为栖霞四大望族之首，此后，牟氏家族簪缨甚盛，人才辈出，有清一代，栖霞县共出 28 名文进士，牟家独占了 10 名；另一方面，牟氏家族子弟秉承先祖教导，严守家训．逐渐形成了独具特色的家风，其核心内容可以概括为"耕读世业"、"勤俭持家"、"忠诚宽厚"、"孝悌传家"四方面。简言之，牟氏家族能有此绩，牟氏家训有大功焉，而牟氏历代子孙对祖宗家训的恪守奉行，是其家道昌盛的重要原因。

二、耕读世业

"耕"指的是从事农业生产、土地经营，"读"指的是读书和取仕。

在中国古代封建社会中，历代统治者大都推行"重农抑商"的政策；在土地上辛勤耕作是中国广大百姓最基本的谋生手段。自隋唐一直到晚清，"科举制度"是中国主要的选官制度，这种制度为下层地主阶级和普通百姓参与到政权中来提供了途径。"学而优则仕"成为广大知识分子梦寐以求的目标。

"耕读"是牟氏家族十几代人执著追求的事业。其他家族和家庭，或者只关注"耕"，或者只重视"读"，而牟氏家族"耕读并举"，在两方面都取得了突出的成就。这是牟氏家族与其他家族的不同之处，也是其他家族望尘莫及的。历经世代传承，"耕读"不仅成为牟氏家族得以振兴的重要途径，还成为牟氏家风的重要组成部分。牟氏家族堪称明清以至近代最成功的"耕读世家"之一。

（一）"邻家日演一部戏，儿曹每课三篇文"

栖霞牟氏家族致力"读书取仕"，是从第八世牟时俊"延明师，课诸子"开始。

栖霞牟氏家族第一世祖牟敬祖籍湖北公安县，岁贡出身，起初同大多数读书人一样，走的也是"读书取仕"的道路。明朝洪武初年，牟敬接受政府任命，担任山东登州府栖霞县主簿。三年任期刚满，牟敬祖因身患重病被迫辞官，落籍栖霞，由小吏变为平民。从牟敬祖辞官一直到第七世，由于家境贫寒，牟氏族人饱受生活之苦，根本没有读书识字的机会。

牟时俊是牟氏家族第七世孙，出生于明正德年间。由于家里贫穷，牟时俊从七八岁开始就给刘家做羊倌。但他聪明过人，为人忠厚，做事卖力，深受东家好评。稍稍长大后，牟时俊身材魁梧，英俊潇洒，特别是两只大眼，炯炯有神。牟氏族谱中说他"貌魁声宏，口若含血"。成年后，牟时俊娶朱留村鲁氏为妻。十年间，鲁氏为牟家生下四个男孩。不幸的是，鲁氏因劳累过度，卧床不起，不到年余，撒手人寰。鲁氏谢世十余年后，牟时俊续娶李氏为妻。李氏也先后为牟家生下四子。这样，牟氏家族的人口不断增加，可谓人丁兴旺。人口的急剧增多，也给牟家的生活带来了越来越大的压力。

他痛下决心，无论如何，一定要让子孙后代读书识字。从此以后，牟时俊不顾生活艰辛，"延明师，课诸子"。就这样，在牟时俊的训导和鞭策下，牟氏子弟坚定地走上了"读书仕进"的道路。

正当牟时俊确立了"读书取仕"的远大目标，督促家族子弟发愤读书的时候，牟家与本村的刘家因坟地之争，打起了官司。刘家是当地首富，有钱有势。牟时俊母亲曾长期在刘家做佣人，牟时俊也为刘家牧羊多年。因母亲年事已高，牟时俊便请求刘家给一块不长庄稼的地，以为葬母之所。后来，刘家同意把一个叫"涝洼都子"的地方出让给牟家，并立了契约。母亲去世后，牟时俊便把她葬在那里。有一天，刘家听到一位风水先生说，"涝洼都子"是一块风水宝地，便反悔了，想把地再收回来，并要求牟家迁坟。牟家据理力争，坚决不同意，最后两家对簿公堂。十年间，两家官司打打停停，牟家上下被折磨得筋疲力尽。直到大约万历十年（1582）前后，刘家才罢手。

十年的官司打破了牟家生活的安宁，但同时也历练了牟时俊不屈的性格。当时，刘家整日"乐声伎，沉杯酒"，不思进取，而牟家更因此坚定了"读书取仕"的信念。牟时俊妻李氏带领四个儿媳妇，以织布为业，起早贪黑，以维持全家生计。其余子弟，除匹子牟道远身有残疾，行动不便外，在长子牟道南的带领下，专心读书。牟时俊为了鼓励子弟，饶有情趣地告诉孩子们说："邻家日演一部戏，儿曹每课三篇文。"

"苍天不负有心人。"牟家子弟经过多年的寒窗苦读，终于在万历年间开枝散叶，结出硕果。万历十六年，牟道远年仅14岁的长子牟镊考中监生。万历十九年，牟道行考中举人，年仅24岁。这是牟家的第一位举人。从此，人们开始对牟家刮目相看。万历二十年，牟时俊长子牟道南考中贡生；万历二十二年，牟道南长子牟钲考中拔贡；万历二十四年，30岁的牟道立也考口拔贡。次子牟道一考中贡生。此外，牟道明与牟道中也考中庠生。这样，牟时俊八个儿子中有六人取得功名，27个孙子中亦有20人取得功名。这是整个牟氏家族走向振兴的起点，牟家自此以后渐居栖霞望族之列。

在牟氏家族早期崛起的过程中，牟时俊功不可没，堪称牟氏家族崛起之奠基人。这不仅是因为他生了八个儿子，使牟氏家族人丁兴旺，最重要的是，他不畏艰难，在逆境中为牟氏家族以后的发展设计了"读书取仕"的道路。牟时俊所立家训只区区"延明师，课诸子"六个字，然而这寥寥几字却囊括了牟时俊的大胸怀和大志向，成为整个家族的奋斗目标和家族振兴的指南。

（二）身逢乱世陷囹圄，狱中苦读化险情

在牟时俊的筹划和鞭策下，牟氏家族第八、九世子弟经过发愤读书，在"读书取仕"的道路上崭露头角，然而就在此时，历史进入了明清两朝更替的乱世。清朝初年，牟氏家族第十世子孙的兄弟七人因被怀疑与"于七抗清"案有牵连，遭到清政府的抓捕，差一点遭到灭门之灾。而众弟兄最后之所以能够化险为夷、度过难关，与其在狱中坚持读书不无关系。

牟道行是牟氏家族的第一位举人，后曾出任河南宜阳县知县、直隶真定府同知。牟道行的长子牟镗，生了八个儿子。牟镗遵循先祖遗训，为教子成才，亲自授课，读无虚日，时人称誉"能教善诲"。八个儿子亦读书刻苦，日有长进。顺治五年（1648），牟镗被选授沾化县训导，因年老和

致力于专心教子而未仕。

俗话说，"坐吃山空"。由于没有稳定的经济来源，牟镗一家的日子却变得越来越艰难了。顺治九年（1652）八月，牟镗因疾而卒，年仅48岁。一家上下清贫如洗，生活几乎陷于绝境。长子牟国珑主持家政，抚养幼弟，勉强维持生计，并督促众弟兄日以"读书"为业。偏偏就在此时，栖霞发生了于七领导的抗清起义。

1644年清兵入关后，随即攻入胶东，当地民众不愿降清，纷纷抵抗。1648年，栖霞义士、武举于七率众发动抗清起义。1651年，在清政府的重兵围攻下，于七被迫归顺清廷。1661年，于七揭竿再起，但终因众寡悬殊，作战失利。于七经乔装打扮，设计脱离险境。

于七起义失败后，栖霞、莱阳等地凡是同情或者支持过于七义军的民众都遭到清政府清算。牟镗早年曾经与于七有过一些交往，此时虽然他已经过世多年，但官府并没有因此罢休。1661年，牟镗的八个儿子除次子牟国璞因府试幸免外，其余七人全部遭清政府抓捕，并被押解至济南，投入监狱。这对于牟氏家族来说，无疑晴空霹雳。

按照大清律例，谋反、通匪乃不赦之罪。一经查实，即行正法。省府衙门对于七一案十分重视，一边审理案件，一边处决人犯。由于被清政府怀疑为重犯，牟氏兄弟深感大难临头，死期将至，纷纷陷于绝望之中。在关键时刻，作为长子的牟国玠保持有一丝的清醒。他认为，牟家平日里为人忠厚，从未与人结怨，被人造谣诬陷的可能性不大。而牟镗与于七之间实属一般乡里乡亲的往来，且多发生在于七起义之前；最重要的是牟国玠兄弟平日里专心读书，的确从未参与过抗清活动。他告诫众兄弟，当前情势正处于风头浪尖，牟家兄弟可能会遭受一些磨难。只要忍辱负重，配合官府调查，冤情终有昭雪的那一天。他希望众兄弟振作起来，以待时日。官府多次提审牟氏兄弟，每次牟国玠都如实禀告。

在牢中的大部分时间，为了打发时日，并借以缓解内心的压抑和焦虑，牟国玠经常与众兄弟围坐一圈，或诵读儒家名句，或作诗吟答。大牢中的多数案犯，整日除唉声叹气，就是哀号涕零，而牟氏兄弟如此举动，与其他人形成了非常鲜明的对比，这引起了官员的注意和好感。

到1663年，于七抗清失败已经过去两年多，而官府历经无数次审讯，丝毫没有找到牟氏兄弟通匪的证据，无法定案。恰逢此时，牟国玠堂兄弟牟国须顺利踏上仕途。牟国须于顺治十一年（1654）得中举人，十八年（1661）又高中进士，随后出任河南渑池县知县。他是自牟敬祖入籍栖霞以来牟氏家族的第一名进士。"小八支"兄弟冤狱发生后，牟国须为牟国玠兄弟极力辩解，并多方疏通关系。最终，牟氏兄弟因证据不足被无罪释放。不幸的是，老四牟国瓒不堪虐待，已于1662年病死狱中。

经历三年的冤狱后，牟氏兄弟六人身心备受摧残，好在兄弟们在狱中互相鼓励，读书亦从未间断，为以后牟氏家族的崛起打下了良好的基础。兄弟六人出狱后，牟家人每天只能靠一碗高粱粥艰难度日。不久，居然连稀粥也接济不上。无奈之下，兄长牟国玠只好买来瓠瓜作羹，勉强维持生计。起初，因瓠瓜味苦，实在难以下咽，牟国玠便以越王勾践"卧薪尝胆"的故事相激励，并带头吟诵孟子的诗句："天将降大任于斯人也，必先苦其心志，劳其筋骨，饿其体肤，空乏其身，行拂乱其所为，所以动心忍性，增益其所不能"。众兄弟听后，含泪与兄一起吟诵，心志日坚。

俗话说，"二人齐心，其利断金"。济南三年冤狱，兄弟们同生死共患难，情谊日深。而生活的艰辛不仅没有压倒牟氏兄弟，反而更加刺激了他们"发愤读书"的决心。他们忍受着巨大的苦难，和衷共济，全力以赴，以待来日东山再起。兄弟们的奋斗刚刚经历了三年，年近四十的长兄牟国玠首当其冲，于康熙五年（1666）得中举人，康熙壬戌年（1682）又考中进士；随后，八弟牟国珑于康熙辛酉年（1681）中举，戊辰年（1688）中进士，时44岁。后曾出任直隶省南宫县知县、顺天乡试同考官。1694年，牟国璞之子牟恒也考取进士，后官至监察御史。

仅仅十几年间，牟家接连出了三名进士，真可谓光宗耀祖，名震乡里，这在牟氏家族的发展中是史无前例的。牟家在历尽磨难后，终于迎来了全面崛起的日子。此后，牟氏家族成为县内的名门望族，而牟国玠兄弟八人则被牟氏后裔尊称为"小八支"。

（三）牟国珑力倡"耕读世业"

自牟时俊"延明师，课诸子"开始，"读书取仕"成为牟氏家族主要的奋斗目标。牟氏家族第九、十世大部分子弟几乎把所有精力都集中在"读书取仕"上。然而，"读书取仕"的道路不仅漫长而艰难，还存在着诸多变数和凶险。第十世牟国珑根据自身的遭遇和体会，大力提倡"耕读并举"，从而使牟氏家族的振兴之路发生些微变化，即由"读书取仕"向"耕读并举"转变。

牟国珑是牟镗八个儿子中最小的一个。7岁丧母，逾年丧父，由长兄牟国玠抚养成人。17岁时因受于七案株连，与六位兄长被逮至济南下狱三年。出狱后，发愤攻读，终于在康熙二十年37岁时得中举人，康熙三十年47岁时又高中进士。

康熙三十五年（1696），牟国珑出任直隶南宫县令，此时他已经 52 岁。有一年，南宫县发生水灾，百姓受灾严重。牟国珑一方面请求清政府减免赋税；另一方面自己多次慷慨解囊，救济受难百姓，最后竟然使自己的生活陷入贫窘无计、捉襟见肘的境地。牟国珑为官刚直不阿，断案秉公执法，又十分爱惜百姓，当地人民皆对他称颂不已，保定巡抚于成龙也因此对他进行了嘉奖。康熙三十六年八月初三，牟国珑的政绩受到清政府的表彰。

然而，此后牟国珑的仕途忽然变得十分坎坷。有一次，某权贵之亲属侮辱其乳母，触犯众怒。牟国珑经认真调查了解事情真相后，铁面无私，将罪犯绳之以法，从而引起权贵的忌恨。康熙三十八年，牟国珑出任顺天乡试同考官，权贵借机挟恨报复，以其营私舞弊诉讼于吏部。康熙三十九年，在真相尚未查明的情况下，牟国珑被解职归田。

仕途的突变，使牟国珑受到很大打击，他在给其侄子的一封信中说："吾罢官觉味淡，而旨噫非实有所得，亦乌如谈之中有旨也。"回到栖霞故里后，牟国珑在栖霞城西门里住宅东建"悦心亭"，邀友评点史籍、讲学论文。倦则沦茗植花，或焚香静坐，聊以自娱。牟国珑《南宫归咏》诗云："清风两袖意萧萧，三径虽荒兴自饶，世上由他竞富贵，山中容我老渔樵。"

几年后，牟国珑的冤案得到昭雪，清政府有意重新起用他，有人也劝他复出，但此时牟国珑早已对仕途心灰意冷，应曰："吾所悦不再是，吾将以丘壑老矣！"终不复出。康熙丙寅年（1685）栖霞拔贡生李任曾撰《悦心亭记》，记录了牟国珑解职归田后的生活，其中说："先生恬然自悦如是，非矫也。"

在经历人生的大起大落后，牟国珑的人生追求发生了很大变化。他回顾家族几代子弟"读书取仕"的历史，不断总结经验教训，明确提出了"耕读并举"的主张。自此以后，牟氏家族的奋斗目标由原来的"读书取仕"转向"耕读并举"。

此前，牟氏家族大部分子弟把"读书取仕"作为唯一的理想和追求。然而在经过几代人的奋斗后，牟国珑等人切身感受到科举功名的艰难以及仕途的凶险，这是牟国珑力倡"耕读并举"最重要的原因。

"读书取仕"的道路本来就是十分漫长而艰辛的，而且"科举功名"与"出仕为官"之间还有蛮大的距离，除非考中举人或者进士，否则一些档次不高的功名仍然不会获得出仕的机会；即便是那些得以入仕为官的人，他们的仕途也不像想象中得那样美好。自古以来，仕途险恶，各级官员或者钩心斗角，互相倾轧，或者拉帮结派，结党营私。如果不能熟谙官场规则，很容易被孤立，抑或遭受他人的排挤。在封建专制制度下，一旦政务中出现失误，或者遇到其他特殊情况，不仅会被革职问罪，甚至有性命之忧。正所谓宦海浮沉，世事难料。牟国珑自己就是一个典型的例子。

再者，牟氏家族是由一个贫寒的家庭通过刻苦攻读而逐渐崛起的。那些出仕为官的家族子弟对百姓的疾苦有切身的体会，在内心深处对广大人民有深深的同情，因此无论任职何处，均勤于政务，清正廉明，爱惜百姓，一心为民。然而，要想在官场游刃有余，仅得到百姓的认可和爱戴是远远不够的。他们中的大多数人不善于玩弄手腕、攀亲附贵，在官场当中属于"弱势群体"，步履艰难。

此外，少数子弟获得功名、出仕为官后，其家庭经济条件会有一定的改善，但这种改善也极有可能只是一时的。如果这些出仕者一旦失势，或者去世，其政治地位、经济来源也随之而去。而相比之下，牟氏家族中一部分早早放弃"读书取仕"的人，经过几代人的创业，家业慢慢有所扩大。这些人虽然政治上没有什么地位，文化素质也不高，但是他们的生活没有大的起伏，比较安定。单纯从经济状况来说，某些有经营头脑、勤于劳作的家庭并不比那些出仕为官者逊色。牟国珑等人敏锐地捕捉到这两类家庭之间的差异，开始认识到"读书取仕"并不是唯一的出路，而安分守己致力于土地经营，也不是毫无发家致富的机会。这对牟国珑力倡"耕读世业"产生了非常直接的影响。

牟国珑在晚年，不断告诫、勉励家族子弟要努力读书，通过读书提高自身文化修养，懂得做人的道理，但不要单纯以做官为目的；同时要求那些无意功名的子弟潜心农耕、持家立业、安分守己地过日子。此后，大部分牟氏家族子弟继续在科举之路上拼搏，而有的子弟则开始把精力专心用在土地经营、持家立业之上。牟国珑明确提出"耕读并举"的主张，对牟氏家族来说是及时的，这反映出牟氏家族子弟务实、灵活的处世态度；这一主张对整个家族日后发展的影响是十分巨大的，为牟氏家族发展成为"耕读世家"奠定了基础。

康熙五十二年（1713）正月十二，牟国珑与世长辞，享寿69岁。

（四）"一门三进士"

从清朝初年到雍正、乾隆年间，由于牟氏家族对"科举取仕"道路的执著以及对教育的重视，其科举功名蒸蒸日

第十世㠀国珑画像

上。第十世子弟接连出了三名进士、一名举人，为牟氏家族的崛起奠定了基础；第十一世出了两名进士、一名举人；到第十二世时，牟氏家族的"读书取仕"之路迎来了一个新的高潮，一下子出现了两名进士、四名举人，其中牟恬的三个儿子两中进士、一中举人，被人赞誉为"一门三进士"。

清初顺治、康熙年间，牟氏家族第十世子弟在科举功名方面取得了前所未有的成就，接连出现了三个进士，分别是牟钶长子牟国须、"小八支"兄弟中的牟国玠和牟国珑。

第九世牟钶（1608—1680）是牟道立三子，自幼喜爱舞枪弄棒，于清顺治五年（1648）考中武举，官拜正四品武官，历任天成（大同府）、宝山（今上海）两任守备，后被皇清诰封明威将军。牟钶虽身为武官，亦十分重视对家族子弟的教育。牟钶长子牟国须，不负众望，先于清顺治十一年（1654）得中举人，随后于康熙三年（1664）得中进士，后出任河南渑池县知县。牟国须是自牟敬祖入籍栖霞以来栖霞名宦公牟氏家族的第一名进士。

牟镗生有八子，即后来被家族誉为"小八支"的兄弟八人，其中牟国玠是"小八支"长兄，牟国珑则是年龄最小的一个。牟国玠自幼聪明好学，16岁时即举博士弟子，郡邑皆已知名。在经历清初三年枭狱之祸后，牟国玠督促诸弟专心攻读，且处处为诸弟师表。康熙五年（1666），牟国玠以近不惑之年领乡荐，得中举人，比后曾任长山县教谕八年。康熙二十一年（1682），牟国玠高中进士，使"小八支"众兄弟备受鼓舞。九年后，牟国玠八弟牟国珑亦得中进士。牟镗去世时，牟国珑年仅8岁，全靠长兄、嫂抚养成人。牟国珑读书颇为用功，22岁补为博士弟子，康熙二十年（1681）中举，时37岁；十年后，康熙三十年（1691）牟国珑得中辛未科进士，时47岁；52岁时出任直隶南宫县令。康熙三十八年，出任顺天乡试同考官。

自此以后，随着牟氏家族经济条件的改善以及社会地位的提高，整个家族更加注重对子弟的教育。"读书取仕"的祖训、好学重教家风的传承，使得牟氏家族的文化氛围十分浓郁。到康熙年间，牟氏家族第十一世子弟中又接连出了两名进士、一名举人，分别是牟恒、牟悫（què）和牟恟。

牟恒是"小八支"牟作孚之子。牟恒自幼聪颖，善撰文章。15岁补博士弟子员，33岁中举，康熙甲戌年（1694）中进士，时年37岁。初任内阁中书，历户、礼二部郎中，监督宝泉局铸制铜钱，后旋迁监察御史。牟恟是"小八支"牟国琛之子。康熙庚午年（1690），牟恟中举人，考授内阁中书，改归班候选知县。

牟悫是"老八支"牟道远的后裔。康熙己卯年（1699），牟悫考中举人，时36岁；康熙壬辰年（1712）又中进士，

时49岁。初任江苏武进县，后移宰睢宁，治行举江南第一，被尊为清初江南第一清官。

牟氏家族第十二世多数子弟生活于雍正年间。雍正皇帝勤于政事，励精图治，推行了一系列改革措施，使得社会经济有了很大发展，社会矛盾有所缓和，有利地推动了"康乾盛世"的发展。但是，雍正皇帝为了加强思想控制，大力推行文字狱，其文网之密、文祸之重大大超过前朝，致使多数文人脱离实际，逃避现实，整日埋头于四书五经的故纸堆中。就是在这样的社会背景下，牟氏家族的"读书取仕"有了进一步发展，第十二世子弟涌现出了牟曰笏、牟曰篸两名进士和四名举人。

牟恬（1670—1740）是"小八支"牟国球长子，生有牟曰笏、牟曰管、牟曰篸三子。三子年幼时，牟恬家境亦不富足，然牟恬竭尽全力供应三子读书。当时，牟恬三弟牟憕于康熙己亥年（1719）考取岁贡生，后出任恩县训导，家境尚算宽裕。牟憕见长兄牟恬家贫，节衣缩食以周济，并时常资助学费，供曰笏、曰管、曰篸三位侄子专心攻读。平日里，对子弟中课业怠惰者，牟憕泣而笞之，用心教之。这样，在整个家族齐心协力、互相帮扶的共同努力下，三兄弟两中进士，一中举人，传为美谈，被人誉为"一门三进士"。时人称牟氏斯时之盛是"憕之心血而成。"

牟曰笏是牟恬长子，牟曰筲是牟恬次子，两人自幼喜爱攻读，于雍正元年（1723）同科中举，为牟氏家族锦上添花。次年（雍正甲辰年），牟曰笏联捷进士，后任河南光山知县。而牟曰筲此后时运不济，屡举进士而不第，乾隆朝被大挑二等，后出任邹平县教谕而终其身。牟曰篪是牟恬三子，乾隆十二年（1747）中举，翌年联捷乾隆十三年戊辰科进士。初任陕西泾阳知县，左迁济南府教授、德州府学正。牟恬一家三子，两中进士、一中举人，这标志着牟氏家族"读书取仕"之路的鼎盛。

除了牟恬"一门三进士"之外，牟氏家族第十二世子弟中获得举人的还有三人，分别是牟曰笣、牟曰范、牟名世。牟曰笣，牟宸（yī）之子，"老八支"牟道立后代。康熙三十五年（丙子年），牟曰笣中举，后出任掖县、邹平县教谕。因政绩突出，升辽宁省安东卫教授，敕授文林郎。牟名世，老八支牟道平后代。雍正元年（1723年，癸卯年）中举，授直隶省灵寿县知县，因资项不充未就。后授山东东昌府聊城县教谕，敕封修职郎。牟曰范，牟协之子，"小八支"牟国璋后代。雍正丙午年中举人，不幸早卒。

至此，从清朝初年至乾隆年间的一百年时间里，牟氏家族先后出了七名进士。如果再加上乾隆、嘉庆年间中进士的第十四世牟贞相、牟昌裕和第十五世牟雯，至鸦片战争爆发

牟氏家族后人牟日宝藏民国《栖霞名宦公牟氏谱稿》

之前，牟氏家族共有 10 名进士。对一个家族来说，这的确是了不起的成就。

（五）牟綧、牟墨林父子的暴富

在牟国珑正式提出"耕读并举"的家训之前，牟氏家族中实际上已经基本形成了"耕读并举"的奋斗路径。这是因为，个人智力和志趣存在巨大的差异，而"读书取仕"的道路并不适合所有人。为了生计，那些自知无望仕途的人，早早放弃对功名利禄的追求，安分守己，在土地上辛勤劳作。

在牟氏家族第八世"老八支"兄弟八人中，老四牟道远、老八牟道平两人均没有功名，但是此二人专注农耕，又善于经营，使得家业有所起色。

牟国珑提出"耕读并举"的家训以后，牟氏家族子弟奋斗目标的"二元化"趋势更加明显。刻苦读书成为家族最浓郁的风气之一，大部分子弟矢志"读书取仕"，而另外一部分的子弟专心耕作，从此不再以无缘功名而羞耻。

然而，在中国古代社会中，生产力十分低下，封建剥削又极为沉重，对于普通民众，抑或小地主家庭来说，创业、守业都是十分艰难的。俗话说，"没有三辈子的地主"，指的就是这个道理。牟氏家族在鸦片战争前后的近五百年时间里，虽然"读书取仕"取得了辉煌的成就，但从经济条件来讲，大多数家庭是自耕农，或者充其量是小地主家庭，在当地并不显闻。直到嘉庆、道光年间，当牟氏家族的"读书取仕"之路出现明显衰象的时候，第十四世中的一支——牟墨林家族经过多年的积累，再加上艰难的创业，很快暴富，成为威震胶东、扬名全国的大地主。

牟墨林，字松野，绰号"牟二黑子"，生于乾隆五十四年（1789），卒于同治九年（1870）。牟墨林是牟氏家族第十世"小八支"牟国珑的嫡系后裔，其曾祖父是牟恢，祖父是牟之仪，父亲是牟绰，而牟墨林是牟绰之独子。

在牟墨林的先祖中，从第十世牟国珑一直到祖父牟之仪，牟家的经济状况并不十分富庶。牟国珑去世后刚过了十年，牟恢壮年而逝，此时独子牟之仪只有 18 岁。在此后十几年的时间里，牟之仪一直与叔父牟惸一起居住在栖霞悦心亭。乾隆七年（1742），牟之仪承叔父之命与叔父分家，分得三百余亩土地，并由栖霞悦心亭迁到古镇都村居住。这是当时牟之仪的所有家当，充其量算得上一个小财主的家庭。牟之仪有五个儿子，牟绰是最小的一个。牟之仪去世时，牟绰（1744—1814）年仅 7 岁。分家后，牟绰分得土地六十亩，迁到古镇都村西头平房居住，成为自耕农。

　　牟綧视这 60 亩地为命根子，勤于劳作，省吃俭用，拼命积攒家财。他富有持家立业的头脑，特别重视粮食，经常贩运谷物，囤积居奇，趁荒年岁月、青黄不接之时，外粜粮食卖钱，然后置办土地。嘉庆年间，东北的粮食连年丰收，而关内连遇罕见灾荒，粮食紧缺，广大百姓生活艰难。牟綧捕捉到这个商机，租船到辽东做起了贩卖粮食的生意，家中的农田则雇佣长工来耕种。通过贩粮，牟綧从中赚取了很大的利润，经济实力大为增长，同时也解决了关内粮食紧缺的压力，可谓为民造福，于国有利。

　　牟綧把贩粮获得的财富，全部投资到置办土地之中。清嘉庆九年（1804）春，久旱无雨，又逢蝗灾，牟綧趁春荒之机，以粮换地，而且置换的土地慢慢由本村扩展到外村。后来，通过几十年的辛勤劳动和积攒，牟绰置办的土地逐渐累积到千亩以上，形成了初具规模的地主家业。

　　牟綧持家创业非常成功，但由于其妻子李氏不能生育，多年没有孩子。后来李氏医病去世，牟綧又继娶姜氏。牟綧 46 岁时，续弦姜氏为他生下了一个儿子，这就是牟墨林。牟綧老来得子，对他寄予了很高的期望，希望孩子将来读书有成、科举入仕，所以给他起名为"墨林"。

　　牟墨林年少时，家境日渐富足，衣食无忧。牟綧在家里兴办私塾，聘请老师教他读书识字，而牟墨林天资聪颖，读书如饥似渴，学业渐长，后成为太学生。本来，牟綧希望牟墨林继续走"读书取仕"之路，可是牟墨林对"读书取仕"慢慢丧失了兴趣，逐渐关心起农耕之事，后来干脆彻底放弃了"读书取仕"的努力，专心跟父亲学习操持家业。

清嘉庆十六年（1811），牟綧病故，年仅24岁的牟墨林接管了家政。在父亲的多年栽培下，牟墨林此时在农耕、经商等方面都已经积累了丰富的经验。他继承父业，恪守父训，以扩充土地为毕生信条，并以此作为积聚财富的手段。牟墨林在世八十多年，其置办土地的历史长达五十余年之久。

鸦片战争前后，栖霞一带自然灾害接连不断，而且灾情严重，绝无生计的饥民们，纷纷到牟墨林门前借粮。牟墨林坚持"只换不借"的原则，而广大农民不得已把仅有的土地卖掉，换取粮食，以求活命。这样，牟墨林家的土地急剧增长起来。

道光十五年（1835），栖霞发生历史上罕见的灾荒。1836年，牟墨林为了救济灾民，开仓以粮换地，"踵门者趾连而肩摩也"。后来，牟家存粮所剩无几，而灾民仍蜂拥而至。牟墨林瞅准官府从海北向登州筹拨高粱的机会，历经凶险从东北贩运一船高粱来栖霞，然后继续用高粱换取土地。就这样，大量土地集中到牟墨林手中，使其一朝暴发。一大

牟氏庄园"犹望公安"匾额

批自耕农失去土地后，一夜之间沦为牟家的佃户。灾年之后，随着牟墨林的土地大量增加，他在四乡安庄子，建粮仓，设庄头，收租粮，年收地租三或四成，成为胶东一带赫赫有名的大地主。

在古代农村社会中，像牟綧、牟墨林父子这样在短时间暴富的例子当然十分罕见，但它至少说明"读书取仕"并不是唯一的出路。况且，就经济实力而言，即便是那些在"读书取仕"道路上相当成功的家庭，与牟綧、牟墨林父子相比也是相形见绌。由此也进一步证明，当年牟国珑明确力倡"耕读并举"，对整个家族来说不但是十分及时、务实的，而且也是非常有必要的。

（六）"山左第一秀才"、经学大师牟庭

牟国珑在晚年，经常勉励家族子弟要努力读书，通过读书提高自身文化修养，懂得做人的道理，但不要单纯以做官为目的。这一思想对部分家族子弟产生了重要的影响。自此以后，家族子弟中有专心"读书取仕"者，有热衷持家立业者，也有迷恋学问、一心向学者，虽然他们各自的志向有很大差异，但刻苦攻读成为他们共同的路径。到乾隆后期，牟

氏家族出了一位大学问家、著名经学大师——牟庭。

牟庭，原名廷相，字陌人，号默人，牟家十四世。乾隆二十四年（1759）出生在栖霞。牟庭自幼天资聪颖，7岁时与胞兄牟贞相读书于"小瀚草堂"家塾。19岁为贡生，读书刻苦，才学兼优。山东学使赵鹿泉对牟庭十分赞赏，称"山左第一秀才"。然而成年后牟庭的主要志趣转向钻研学问，对空洞无味的八股文以及入仕为官渐渐失去了兴趣。

乾隆六十年（1795），牟庭被选为优贡，此后先后应乡举者十八次，但屡试不中。后来，牟庭曾做了一任观城县训导，不久便因病辞职，最终完全放弃了仕途。回到栖霞故里后，牟庭继续专心读书、著书立说，很少与外界接触。但他与训诂学家郝懿行十分友好，交往甚多。牟庭著述甚丰，先后积累下五十余部手稿，但生前只刻行《楚辞述芳》。牟庭去世后，其子牟房撰写了《雪泥书屋遗文》四卷，对其遗著进行了介绍。

牟庭最大的学术贡献是注解《尚书》、《周易》和《诗经》，牟庭也因此成为公认的经学大师。

《同文尚书》是牟庭最重要的学术著作，初名《尚书小传》。据他写于嘉庆二年（1797）的《尚书小传后序》可知，他在39岁以前已开始了该书的写作，此后数易其稿，终于在道光元年（1821）基本完成，此时他已经63岁。在去世前的十多年时间里，他又不时修改，并搜集了许多资料补充到里面。他还准备写序，但一直没能写成。这本书前后耗费了他近四十年的心血。

在"五经"中，《尚书》的文辞最为古奥难懂，因此历代对《尚书》的注释著作层出不穷。牟庭所著《同文尚书》是在前人研究的基础上撰写的一部《尚书》注本。他推翻了尚书学上许多的成案，提出了许多的新奇见解，开创了自成牟氏一家的"尚书学"。《同文尚书》至今仍是经学研究重要的参考书。

牟庭去世后，其子牟房就想将《同文尚书》刻印出版，未成；近代金石学家、甲骨文的发现者王懿荣也曾想整理出版，但不久因庚子之乱以身殉国而未能如愿；民国时期，诸城的王献唐主事山东省图书馆，于 1934 年选编《山左先哲遗书》时想刻印这本书，新中国成立后于 1958 年又欲加以校订后交由山东人民出版社影印，但都没有成功。1965 年，顾颉刚索此清本校订付印，旋由于"文化大革命"的发生未能如愿。1981 年，齐鲁书社根据王献唐的描本影印出版《同文尚书》，分上、中、下三册，1650 页。1996 年，上海古籍出版社把《同文尚书》作为大型丛书《续修四库全书》的重要内容之一出版，不分卷。

《周易注》是牟庭的另一本经学名著。他综合各家精论，同时间杂着自己的看法，对《周易》加以注解。凡引用他家注说，在每条释文末尾加以标注，反映出牟庭严谨的学术态度。《周易注》对"义理"的诠释颇为独到、深刻并富有人文内涵。《周易注》被学术界认为是清代山东汉学家研究易学的代表作。

牟庭研究《诗经》的著作是《诗切》，书名取荀子"《诗》、《书》故而不切"之句，意为依经为说，案循文义，如切脉然。该书前后写了三十年，六易其稿，于嘉庆二十一年（1816）完成。但他仍觉不满意，表示要继续增补修改。

《诗切》改变了传统《诗经》学只训诂字义而不切说文义，以至诗意难明的积弊，以解读文意、理解诗人本怀为重点，并提出许多异于前人学说的新见解，令人耳目一新。特别值得一提的是，牟庭没有像宋明诸儒那样"微言大义"、放言空论，而是以扎实的文字学、音韵学、训诂学、史学为基础，细探文理词义，博考古籍以校订《诗经》文字，以求得其正。

牟庭生前，《诗切》一直未能刻印出版，稿本辗转为日照丁氏收藏。后来山东大学图书馆收藏此稿抄本。1983 年，齐鲁书社将其影印出版，列三《山左先哲遗书》。

此外，牟庭还有一本研究《楚辞》的著作《楚辞述芳》，这是牟庭生前唯一得以刻印的著作。其他代表性著作还有《左传评注》、《雪泥书屋文集》、《雪泥书屋诗集》、《礼记投壶算草》、《春秋算草》等。

牟庭生活于考据盛行的乾嘉年间，严于考据又精于考据，时人将其与牟应震、牟昌裕并列，称为"栖霞三牟"。牟庭一生，淡泊名利，潜心注经，其学风之严谨，成果之卓著，深受世人敬仰。曾提督山东学政、被尊为一代文宗的著名思想家、著作家阮元对牟庭的学术成就十分赏识。

（七）文学家牟愿相与牟应震

随着"康乾盛世"的悄然而至，刻苦攻读在整个牟氏家族中也已经蔚然成风。由于整个家族对读书的执著、对教育的重视以及良好家风的熏陶，在清康、雍、乾三朝，牟氏家族在各方面取得的成就都是十分显赫的。

牟恒、牟昌裕立志仕途，先后高中进士。此后，牟恒曾任监察御史，牟昌裕曾任江南道、云南道、河南道监察御史，署理九省军门总漕部堂等职，成为牟氏家族仕宦中最为杰出的两位代表。牟庭痴迷学术，最终成为一代经学大师。除以上几位外，牟氏家族还出现了两位著名的文学家，分别是牟愿相和牟应震。

牟愿相，字亶夫，牟绥之子，自号"铁李"，后人尊称为"铁李先生"。

牟愿相为自己取号"铁李",背后是有故事来历的。栖霞牟氏家族本是由湖北公安县迁来,其公安县远祖李黼为元主铁将军,时人称曰"铁李将军";同时,乾隆年间山东栖霞与湖北公安县两大牟氏家族的联系有了进一步加强,栖霞牟氏族人掀起了寻根问祖的热潮。牟愿相自号"铁李",就是为了纪念和追怀公安先祖李黼公,同时也是为了提醒族人勿忘祖先。

牟愿相自幼勤奋好学,读书极为用功,但他体质较弱,经常生病,致使他性格比较内向,赋性不谐于俗,同时也造成了他做事认真、感情细腻的性格特点,这对他的文风也产生了重要的影响。

牟愿相的父亲牟绥,于乾隆辛卯年(1771)中举人,乾隆五十年(1785)出任山东莱芜县教谕。此时,已近中年的牟愿相跟随父亲来到莱芜,在此寓居六年之久,一是为了照顾父亲,再就是在父亲教导下继续攻读。

牟愿相与莱芜当地学子张墨宾等人十分要好,经常聚在一起,或踏青郊游,或唱诗作赋。在随父亲流寓莱芜的六年间,牟愿相写下了诗、文等数十篇,总计十余万字。

在莱芜生活不到一年,牟愿相就写出《莱邑山水杂记》一文,该文记山,区分东西南北四方,兼及里程、态势;记水，详列瀛、浯、牟、北、紫五支，再穷其源流、去向，时至今日仍不失为一篇有价值的地理著作。

身处他乡，难免有思乡之苦，他在《思家赋》中写道："余既寄居兹土兮，叹此事之飘零。客叩门而来谒兮，貌何为其狰狞。"但随着寓居莱芜时间的推移，他逐渐淡化了当初的飘零感，对莱芜和当地人民建立起了真挚的泛爱之情。在莱芜的那段日子，给他留下了美好而深刻的印象。在回到故乡八年之后，他又写下"率尔敲门定有因，自称家住汶河滨，曾为数载瀛城客，那得无情对此人"的绝句。

牟愿相文笔清新，所写文章体裁多样，有游记、杂文、诗词、小品文等。这些文章多数来源于他对生活的细心观察，抒发了他的志趣与性情。如乡居游记《游白云庵记》，表达的是他对家乡真挚的热爱之情。《记蚁》是一则小品文，采用了拟人化的手法，风趣而幽默，既记叙了蚂蚁的特性，又对社会现象有所讽喻。

为追怀湖北公安远祖李黼，牟愿相撰《祭铁李文》，为追怀栖霞牟氏一世先祖，撰《栖霞主簿牟公家传》，后来两文均被收入《光绪栖霞县续志》。

牟愿相所著诗文，后来大都收入《小瀣草堂文集》、《小瀣草堂诗集》。"小瀣草堂"是牟氏庄园初建时期在庄园内东北角建的四间草堂，用于作为家族子弟的读书之所，牟愿相与牟庭、牟贞相等众兄弟都曾在草堂刻苦攻读。牟愿相将其命名为"小瀛草堂"。后来，牟愿相还专门写了一篇《小瀛草堂记》，详细记载"小瀛草堂"的往事。

嘉庆十六年（1811），牟愿相去世，年仅52岁。牟愿相一生喜爱写诗作文，因其诗、词、文俱佳，被誉为山东著名文学家。

牟愿相去世后四十二年（1853），所著《小瀛草堂诗集》由其女婿李珏刊行，高密学子单为鏓为之作序："夫艾山之灵，秀著于海滨，得其气者往往为名士，为伟人。先生与陌人先生角立特出，岂非钟毓之独厚者欤！"同年，《小瀛草堂古文集》镌刻出版，含"赋"、"论"、"序"、"记"、"传"、"家传"、"书记"等部分。

牟应震，字寅同，号卢塽，乾隆癸卯年（1783）中举人，曾任禹城训导二十余年，后升青州府教授。

牟应震关心民生、关注士务，主张经世致用。在出任禹城训导之前，他曾针对盐商专营带来的多种弊端，专门撰《上钱侍御书》呈送监察御史钱沣，提出自己的见解和建议。

牟应震六十大寿时，正在禹城训导任上，禹城一位姓于的生员曾经撰文为其祝寿，记述了他的性情和政绩，其中说："先生童年失怙，率天性成，故不拘，拘于尺寸蝇墨。而胸次坦白，气象磊落，篱能自固，热不因人，独往独来之

牟氏家族第十七世牟丕勋对联

意气，栖迟于寒毡冷署间。"这种评价，十分贴切。

晚年，牟应震升山东青州府教授，但因身体多病，备受折磨，五年后，弃官归里，后移居招远之霞坞村，闭户著书，寒暑无间。

历经多年呕心整理，牟应震留给后人的著述颇丰，共有十余部。他在学术上最大的贡献是对《毛诗》和《周易》的研究。研究《毛诗》的著作有《诗问》六卷、《毛诗物名考》七卷、《毛诗古韵杂论》一卷、《毛诗古韵》（《毛诗古韵考》）五卷、《毛诗奇句韵考》四卷、《韵谱》一卷。嘉庆年间，牟应震将以上治《诗》著作6种全部刻印出版，合为《毛诗质疑》。易学方面，著有《周易直解》二卷、卷首一卷。

道光五年（1825）正月，牟应震在病中自撰墓志铭，感叹"大业未竟，病魔迭至，一篑之亏，抱憾终古矣！"然而神明不乱，意状从容。对自撰墓志铭这一举动，他解释说："余一生懒散，无善行可书，常恐后人加我虚美，乞铭他人，将使文失其我，我愧其文，九原有知，余当汗下也。"直到临终前，他仍念念不忘易学研究，自感解《易》未完，倍感遗憾。有一天，他"犹呼笔砚来，曰：'解《易》两爻未安处，当改之。'改毕，使人读而听之，曰：'如此大得。'乃命撤砚，反席而没。"终年82岁。

牟庭与牟应震均为牟氏家子弟十四世子孙，两人经历极为相似，而且性情相投，因此交往十分密切。牟应震去世后，牟庭为其撰《〈卢坡先生遗书〉序》，介绍了其生平经历，记述了两人的交往与情谊，然后怀着钦佩的心情给予了他很高的评价。《光绪栖霞县续志》、《山东通志》也都为牟应震立传。

三、勤俭持家

　　"勤俭"，包含着两个意思："勤"指的是"勤劳"；"俭"指的是"俭朴"。

　　"勤俭"是中华民族的一种传统美德。在以自给自足的自然经济为体、生产力尚不发达的封建社会中，"勤俭"的生活作风被儒家知识分子认为是品德高尚的表现。明朝朱柏庐在《夫子治家格言》里将"一粥一饭，当思来之不易；半丝半缕，恒念物力维艰"当作"齐家"的训言。

　　"勤俭"是牟氏家风的显著特点，是牟氏家族不同于其他豪门望族之处，也是牟氏家族延续时间最长、最具影响力的家风。在今天牟氏庄园"西忠来"的黑漆大门上，"耕读世业，勤俭家风"的对联依然十分醒目。

（一）牟时俊勤俭起家

在中国古代社会中，社会生产力极为低下，而封建剥削和压迫十分沉重，大多数普通民众勉强维持温饱，艰难度日。勤俭，从某种意义上说，是大多数普通民众为了维持生计的无奈选择。

栖霞牟氏家族从第一世牟敬祖到第七世牟时俊，家境艰难，生活困苦，与普通百姓没有什么两样。勤奋劳作、节衣缩食成为其生活的基本特点。

牟敬祖原为栖霞县主簿，本一县之小吏，官俸微薄，勉强支撑一个五口之家的日常开支，入不敷出的情况也时有发生。而牟敬祖勤政爱民、清正廉明，对行贿受贿之事深恶痛绝，以至在离任时可谓两袖清风、囊中羞涩。

牟敬祖在主簿任上只有短短三年光阴，积蓄本来不多，不幸的是，在三年任期将满时，忽患重病，而且一病就是三年多。待牟敬祖病愈之时，原来仅有的一点积蓄早已花光，全家上下一贫如洗。这对一个远离故土的家族来说，简直是几近绝望的境地。此后，牟敬祖与儿子牟闻道两代人主要靠给杨家看山、开荒种地以及砍柴卖柴为生。牟家由一个低级的官员家庭完全演变为地地道道的农民之家，同其他农民一样，在田间日出而作、日落而息。全家人勉强糊口度日，尝尽人间疾苦。

牟氏家族第三世牟进与当地杨老汉女儿联姻，使得牟家在本地有了一点依靠。两家联姻后，杨家赠与牟家二十亩地作为嫁妆，从此牟家有了一定的生活来源，生活略有改善，家庭状况有了一丝好转。佢从总的来看，从二世牟闻道一直到七世牟时俊，牟氏族人全是平民百姓，全家人整日为一日三餐而忙碌，饱受生活之艰难。由于家境贫寒，牟氏族人没有机会读书识字，以至无缘功名，也没有什么家业可言。

明朝中后期，随着商品经济地日渐发展，土地买卖非常频繁，而豪强地主则通过各种手段兼并土地。本村的刘家是当地首富，有钱有势，从来都是对外迁而来的牟家冷眼相对。牟氏家族原有的二十亩土地，也早被刘家盯上。牟氏不善经营，家境日窘，后连赖以维持生计的这点土地也最终被刘家兼并，牟氏族人失去了自耕农的自由之身，全部成为刘家的佃户。第七世牟时俊幼年时家境几至赤贫，靠给刘家放羊为生，备受欺凌。

牟氏家族的崛起是从牟时俊"延明师，课诸子"开始的。

俗话说，"逆境造就人才"，用这句话来形容当时的牟氏家族是最合适不过的。为了家族日后的发展，为了给家族找到一条振兴、崛起的道路，牟时俊前思后想，一连多日辗转难眠，最后，他痛下决心，"延明师，课诸子"。从此以后，牟氏家族子弟在牟时俊训导和鞭策下，发愤读书，走上了"读书仕进"的道路。然而，在当时生活十分艰难的情况下，牟时俊的这一决定的确需要非凡的勇气和魄力。众子弟专心读书，致使家中的劳动力大大减少，这无形当中使牟时俊养活一家老小的担子更重了。但他义无反顾，哪怕生活再苦再累，也要为孩子们安心读书创造良好的条件。就这样，牟时俊率领妻李氏、四子道远、八子道平和诸位儿媳，开始了艰难的创业历程。

牟时俊四子牟道远因身有残疾，早早放弃"读书取仕"。为供众兄弟及子侄读书，他拖着行动不便的身子，起早贪黑，辛苦劳作，从不计个人得失，为家族的振兴贡献颇多，其功德备受族人称颂。八子牟道平因读书欠佳，后来也最终放弃"读书取仕"，但他头脑灵活，比较善于持家，又勤劳朴实，生活俭约，后家业亦十分富庶。可以说，正是由于全家团结一致，上下齐心，为众子弟专心读书创造了良好的条件，才有了日后家族第八世子弟在科举功名方面的成就。几年后，牟时俊八个儿子中有六人平步青云，取得功名，其中牟道行、牟道一、牟道立均得以出仕为官。从此以后，牟氏家族由一个平凡的家族，渐升栖霞望族之列。

牟氏家族的崛起，是从牟时俊"延明师，课诸子"开始的，牟时俊堪称牟氏家族崛起之奠基人。然而，无论是持家立业，还是在督促子孙"读书取仕"方面，牟时俊基本上是白手起家的。牟氏家族的崛起，从根本上讲，是由于牟时俊引导家族子弟勇敢地走上了"读书取仕"的道路；另一方面，勤劳、俭朴是牟氏家族崛起的重要基石之一。

勤奋劳作、俭朴的生活维持了家族的日常运转，成为家族子弟得以专心读书取仕的重要保证；父兄们持家创业的艰辛无时无刻不在鼓舞着家族子弟的奋斗精神；同时，贫寒的家境、勤俭的生活锤炼了牟氏家族子弟顽强、不服输的性格。所有这些因素，都为牟氏家族的进一步崛起创造了条件。

（二）"霜露兴思远，箕裘继世长"

如果你去过牟氏庄园，可能会对这样一副对联有朦胧的印象："霜露兴思远，箕裘继世长。"

从牟氏庄园"西忠来"大门即上面写着"耕读世业，勤俭家风"这副对联的大门进入庄园后，正对大门的北面有一排房子。现如今，在这排房子的北墙正中，挂着一个黑色的大牌子，上写"牟墨林谱系"。其中罗列了从牟氏家族第一世牟敬祖一直到第十六世祖先的世系及其源流；两侧即为这副对联："霜露兴思远，箕裘继世长"，落款为"国珑题"。

对这副对联，导游的解释通常很简单、很肤浅，只有一句话："这副对联表达了牟氏后人对祖先的崇敬。"而大部分游客对这副对联只求一知半解，对其具体含义往往朦朦胧胧，或者望文生义，经过自己揣摩，了解它的大概意思。实际上，这副对联是牟氏家训的重要内容之一，其中包含着牟氏家族文化的精华。

这副对联诞生于清朝初年，至今已有近四百年的历史；对联中既有现如今不太常用的偏僻字句，又有寓意深刻的典故，因此对大部分游客来说，理解起来有些难度是很正常的。

对联的上半句"霜露兴思远"，尚算易懂。"霜"和"露"两词连用，常比喻艰难困苦的条件，一般人都能猜得到。关键是下半句"箕裘继世长"。"箕"读 jī，指扬米去糠的竹器，或者畚箕之类的东西；"裘"指的是冶铁用来鼓气的风裘。此句有一个典故，出于《礼记·学记》，原文为："良冶之子，必学为裘。良弓之子，必学为箕。始驾马者反之，车在马前。君子察于此三者，可以有志于学矣。"意谓子弟由于耳濡目染，往往继承父兄之业。后来，"箕"与"裘"两字连用，常用来比喻先辈的事业，或者比喻父子世代相传的事业。包含"箕裘"两字的成语有多个，如克绍箕裘，比喻能继承父、祖的事业。箕裘相继、箕裘不坠、不堕箕裘等成语，都是同样的意思。而箕裘颓堕，则比喻先辈的事业没有人继承。

以上这些成语在五四新文化运动之前是经常被引用、使用的，如《红楼梦》里有一首写秦可卿的曲子，曲名《好事终》，其中有一句为："箕裘颓堕皆从敬，家事消亡首罪宁。"近代洋务运动最重要的首领曾国藩曾写过一副楹联："有子孙有田园家风半读半耕，但以箕裘承祖泽；无官守无言责世事不闻不问，且将艰巨付儿曹。"只是到了现代以后，由于白话文的提倡和普及，这些成语用得越来越少了。

总的来看，"霜露兴思远，箕裘继世长"，主要强调的是牟氏家族的持家立业之道、为人处世之道，其大意为：希望子孙后代牢记祖先创业的艰辛，切不可忘记过去的艰苦生活，继承祖辈的优良传统，勤奋劳作，生活俭朴；同时希望子孙继承祖辈的遗愿，耕读并举，将振兴牟氏家族的事业发扬光大。简言之，这副对联着重强调的是，持家立业和日常生活方面要"勤俭"，保持本色；在奋斗路上要效仿先辈，"耕读并举"。

这副对联原为牟氏家族在栖霞蛇窝泊村的祖茔——圈子

莹东山门的楹联，由第十世牟国琛题写，题写时间大约为康熙庚申仲夏，即康熙十九年（1680）。

在牟时俊"延明师，课诸子"之后，牟氏家族第八世中的牟道行、牟道立、牟道一等人都考取功名，并出仕为官。此后，牟氏家族的社会地位大大提高，经济条件有了较大的改善。在当时的历史条件下，牟氏子弟普遍把牟家的成功归功于祖先的保佑。为了保佑后世子孙的兴旺发达，牟家众兄弟决定寻找风水宝地作为家族坟莹。后来，牟道立在原祖莹"涝洼都子"以西找到了一块风水极佳的宝地，即现在的圈子莹。牟道立六弟牟道行听说后，请求牟道立把这块好地方作为家族的坟莹，牟道立便答应下来。多年后，"老八支"多数兄弟按照牟道立的吩咐，把坟莹选在圈子莹里。牟道立则另觅宝地，最后把莹址选在燕子夼北山。

牟道行定陵圈子莹之时，牟氏家族子弟继续在"读书取仕"的道路上奋斗，并连连取得硕果。清朝初年，牟国玠、牟国珑等众兄弟在经历济南桌状之祸后，认为众兄弟之所以能够化险为夷，完全归功于祖先的保佑。同时，他们十分推崇历代祖先的公德，认为这是牟家兴旺发达的重要保证。为了使先祖显灵保佑后世子孙长盛不衰，同时也是为了更好地保护坟莹，牟国珑决定在莹域周围修上围墙。牟国珑前后用了三年时间，把原来的圩子墙改为砖瓦结构，并兴建了带有龙雕凤饰的山门和门楼，在茔内栽植了长青松柏。经过修缮后，牟家的坟茔有了一定的规模，远远望去，俨然像个小村落。

康熙丙午年（1666）春日，牟国珑为圈子茔东山门题写楹联，上联是"兄弟比立千年合"，下联是"祖父东临万古依"。康熙庚申（1680）仲夏，牟国琛为圈子茔东山门题写的楹联，即为"霜露兴思远，箕裘继世长"。

牟国琛（1640—1697）为牟铠六子，牟国珑六哥，曾考中增生，但未出仕。牟国琛才华横溢，这从"霜露兴思远，箕裘继世长"一联即可窥其一斑。牟国琛追思自第七世牟时俊以来整个家族的奋斗，深感先辈的艰辛，他认为应该把先辈们勤奋劳作、生活俭朴的事迹传承下去，借以激励家族子弟；同时他希望后世子弟能以先辈为榜样，刻苦攻读。可见，牟国琛将此联题在祖茔山门之上，用意十分明确：一是为了表达对先祖的崇敬、缅怀和孝思；二是为了通过祖先的事迹加强对子孙后代的教诲。

牟国珑对牟国琛的题联及其寓意十分钦佩，后来，牟国珑将"霜露兴思远，箕裘继世长"一句书成家训联挂在家中，借以教诲子弟。新中国成立后，牟氏家族的坟茔被彻底破坏，牟国琛题写的楹联也未能幸免。这副对联幸亏由于牟国珑的珍重，而得以流传下来。

（三）牟国珑首重勤俭

对牟氏家族来说，"勤俭"家风最早来源于早期牟氏家族家境的贫寒与生活的艰难。

从明初牟敬祖入籍栖霞一直到牟氏第八世"老八支"，牟氏家族家境贫寒，族人勉强糊口度日而已，尝尽人间疾苦。《前谱叙传》中曾说："高祖以耆德隐，勤俭起家，善周闾里之贫者，忠厚一脉实始基之，"虽然牟氏家族第八世先后有六人得中功名或者走上仕途者，家庭经济状况有所改善，但是在第九世时，由于社会动荡，时局多变，牟氏家族又出现了由盛速衰的态势。

第九世牟镗生了牟国珧、牟作孚、牟国璋、牟国瓒、牟国球、牟国琛、牟国瑾、牟国珑八个儿子，这样，在短短的几十年间，牟氏家族人口呈几何数字增加，在当地一跃成为一个人丁兴旺、门户庞大的家族。

牟镗遵循先祖遗训，为教子成才，亲自授课，读无虚日，时人称誉"能教善诲"。顺治五年（1648），牟镗被选授沾化县训导，因年老而未仕。在牟镗的亲自教导下，八个儿子读书刻苦，日有长进。然而，俗话说，"坐吃山空"，由于没有稳定的经济来源，在生活上主要依靠家底，牟镗一家的日子已经变得越来越艰难了。顺治九年（1652）八月，牟镗因疾而卒，享年48岁。时长子牟国珍仅有23岁，八弟国珑仅有8岁。牟国珍主持家政，抚养幼弟，勉强维持生计，并督促众弟兄日以"读书"为业。

1661年，因受于七抗清一案牵连，牟国珍兄弟八人除二弟因府试幸免外，其余七人全部遭清政府抓捕，并被押解至济南，投入监狱，历经折磨。牟家的生活原本就十分艰难，家庭遭此不幸后，家中只剩女眷，生活无着，家境惨破，几乎濒于绝境。牟国琛夫人孙氏深明大义，忍痛将陪嫁的丫鬟变卖，以解燃眉之急。

经历三年的冤狱后，牟氏兄弟身心备受摧残，而一家上下早已清贫如洗，牟家人每天只能靠一碗高粱粥艰难度日。不久，居然连稀粥也接济不上了。无奈之下，兄长牟国珍只好买来匏瓜作羹，勉强度日，其生活之艰辛可见一斑。世道的艰难，生活的困顿，激发了家族众子弟发愤读书的志向，同时也锤炼了牟氏家族众子弟的性格，而勤俭持家、提倡节俭等意识牢牢地嵌入牟氏族人的内心深处。

经过数年的拼搏，牟国珍兄弟八人中接连出了牟国珍、牟国珑两名进士，光宗耀祖，名震乡里。此后，牟氏家族的经济状况与生活条件随之大大改观，再也不用整日为填饱肚子而犯愁，然而牟氏家族并没有就此抛弃"勤俭"的良好风气，相反，正所谓"居安思危"、"忆苦思甜"，牟氏家族在家庭教育中十分重视"勤俭"意识的灌输和培养。

长兄牟国玠出生于贫寒家庭，自幼生活清贫，从小受到勤俭、朴实家风的熏陶，"性尚朴俭雅"，不慕富贵，为牟氏家族众子弟树立了典范。牟国玠继室何氏，"素以恭顺端淑、甘贫习俭称闾里。"

牟国玠非常重视对子弟"勤俭"意识的培养，要求家人生活俭朴，养成吃苦的韧性，远离奢华，反对贪荣谋利。他认为"勤俭，居家之大务。"在《体恕斋家训》中，有一条专门强调"勤俭"，他说："一川勤俭：居家善术，勤俭无忧。勤则事治，俭乃用优。无逸致戒，量入为筹。咨尔小子，开源节流；"在《凤伯公遗命》中牟国玠又再次提醒并要求子弟："俭以居家，量入为出，稍或不谨，涸可立待。语云：'千金贫汉，十金富户。'"牟国玠不但生前命子孙"勤俭"，而且临终前留下遗言，要求死后素棺薄敛。《凤伯公遗命》最后一条是"训吾后事，卒即入木，勿令秒扬。早期归窆，勿久停堂。勿修醮事，左道苦常。勿烦亲友，力殚财伤。勿修行状，厥德未芳。苟徒粉饰，益美非臧。戒奢从质，古道斯张。安分循礼，于我有光。"

除了牟国玠，其他几位兄弟也十分注重提倡勤俭。牟国玠二弟牟作孚在父母去世后，协助长兄牟国玠主持家政。他经常告诫众兄弟说，"鼓舞以作其勤"，"挞记以戒其惰"。在牟作孚的影响下，其妻李氏"终温且惠，既俭而勤，蘋藻宜家，夐著有齐之美，珩璜表德，犹传相俶之言。"牟作孚同样十分重视对子女进行"勤俭"意识的灌输和教育，"常条其命儿者曰：'事罔大小，知俭知勤可长久。'"牟国玠六弟牟国琛在《树德务滋家训》中也要求子孙后代："崇尚俭朴，严禁婢仆辈攒越奢侈者，以培家道，以省烦费。"

由于"小八支"众弟兄经历过艰苦的生活，深知持家创业的艰辛，在家庭教育中又特别强调"勤俭"，因此全家族自上而下日渐形成了"勤俭"的风气。此后，牟氏子弟坚守祖传遗风，勤俭持家、淡泊名利，对牟氏家族的发展产生了重要的影响。

（四）"牟大愚子"牟恒

由于牟氏家族早年贫寒的经历，牟国玠等人的大力提倡以及良好的家庭教育的传承，"勤俭"的家风在牟氏家族中蔚然形成。牟氏家族子弟中，那些"以耕为业"的人在土地上日出而作，辛勤耕耘，其创业之艰难及其生活之俭朴自不待言，就连许多在"读书取仕'的道路上取得辉煌成就，甚至位至高官、身居要职的人也大多保持着勤劳、俭朴的优良作风。其中，牟氏家族第十一世子弟牟恒就是一个典型的例子。

牟恒（1658—1726），字圣基，号述斋，栖霞城南门里人，"小八支"牟作孚之子。当年，牟作孚在父母去世后，在生活窘迫、家境日下的艰难日子里，曾协助长兄牟国珣勖（xù）勉诸弟，不仅为牟氏家族的重新崛起作出了很大贡献，还为以后教育子女积累了丰富的经验。

牟作孚非常重视对子女的教育，经常鼓励、督促牟恒发愤读书，而牟恒自幼聪颖，善撰文章，亦深得牟作孚疼爱和教诲。此外，牟恒六叔父牟国琛在教育子女方面亦有很多不凡之处，晚年曾留下《树德务滋家训》，以贻子孙。从牟恒年幼时开始，牟国琛见牟恒表现不俗，有异才，格外尽心培养。可以说，牟恒后来的成功，是牟作孚、牟国琛等人乃至整个牟氏家族悉心培育的结果，族人皆谓："家训之报也。"

牟恒不负众望，15 岁补博士弟子员。康熙二十九年（1690），牟恒 33 岁时得中庚午科举人，康熙三十三年（1694）37 岁时得中甲戌科"三甲七十六名"进士，成为牟氏家族第四位进士。

牟恒初任内阁中书，历任户、礼二部郎中，不久提为监察御史。在户部郎中任上时，牟恒被委派至宝泉局，专门负责监督铜钱铸制事务。在清代，宝泉局为户部所属主管钱币铸造的衙门，下属东、西、南、北四作厂。牟恒深知，铸钱一事关乎国家经济命脉，自己虽职位卑微，但责任重大，故而恪尽职守，事必躬亲。当时，宝泉局内积弊日久，关系网错综复杂，官员营私舞弊、贪污受贿的现象极为严重。牟恒对这些现象深恶痛绝，但由于他位卑力薄，一时无力改变。不过，牟恒不甘同流合污，专心勤于政事，同时清正廉洁，独善其身。牟恒的为人及其"廉泊清正"的事迹很快传到宫中，并受到康熙皇帝的重视。康熙皇帝龙颜大悦，特赐给他《周易》、《孝经》以示褒奖。不久，牟恒即被擢升为都察院监察御史。

监察御史为都察院属官，品阶不高，仅为正七品，但是监察御史的职责十分特殊，不仅可对违法官吏进行弹劾，对府州县道等审判衙门进行监督，还可将地方行政所存在的弊端直接上奏朝廷，或者由皇帝赋予权力，直接审判行政官员。总之，监察御史大事奏裁，小事主断，被称为"代天子巡狩"，官位虽不高，但权势颇重。由于监察御史职责极为重要，清政府对御史官的选授和督察是甚为严格的。牟恒被提升为监察御史，正说明了朝廷对其政绩和人品的肯定。

朝廷的信任对牟恒是极大的鼓励。就任监察御史后，牟恒一方面打内心里感谢皇恩之浩荡；另一方面更坚定了他报效国家、不辱使命的信念。牟恒特别敬佩历史上那些刚正不阿、敢于直言上谏的名臣。在公务之余，经常从古书中挑拣历代谏官名臣的事迹和故事，以此激励自己。每当读到感人之处、动情之处，牟恒常常慷慨激昂、声情并茂。在处理日常政务的过程中，牟恒亦时时刻刻以他们作为自己的榜样。

牟恒任监察御史多年，对朝政的弊端、官员的腐败等问题，敢于直言进谏，从不计较个人得失。有时一日之内，数次上奏。许多建议被朝廷采纳，或者引起朝廷的重视。有一天，康熙皇帝在早朝时，当着文武百官的面，对牟恒大加褒扬，称他"真诚不欺"，希望百官以其为榜样，恪尽职守，勤奋任事，清正廉洁。牟恒只是一个小小的七品监察御史，能够受到皇帝如此评价，在朝中的确是十分罕见的。

有一天，牟恒到南城巡视。当时，南城一带人口聚集，商业十分繁华，耍把式卖艺的、唱小曲儿的、说相声的等各种民间艺人也多集中在这一带，艰难地混个温饱。但是，有几个以乐舞、戏谑为业的艺人，先依靠自己的才艺与京城里的一些权贵攀上了关系，然后又以这些权贵为靠山，欺行霸市、强买强卖不说，还经常肆意欺辱他人，当地的民间艺人苦不堪言，众百姓也是怨声载道。牟恒巡视之时，正遇到这伙人向一对卖艺的父女强征"孝敬钱"，并借机调戏老夫之

栖霞牟氏家风

女。牟恒本出生于贫寒之家，对这些民间艺人的艰苦生活充满了同情，看到这些歹人如此胆大妄为，更是怒不可遏。牟恒不畏强暴，按律将首犯杖责严惩。此后，牟恒在京城声望赫然，老百姓听到他的名字都竖指称赞，而那些奸佞之人、为非作歹之人一听到他的名字则是胆战心寒。

牟恒在处理政事时，不畏豪强，秉公执法，受到百姓的赞誉，在官员中也有很好的口碑。但是，在朝廷官员当中，牟恒最令人称道之处还是他俭朴的生活。监察御史虽然只是品阶不高的七品官员，然而毕竟也是朝廷命官、京官，牟恒为监察御史时，经常外面穿着官服，而里面穿的全部是很普通的粗布衣服，很多官员觉得他的打扮不伦不类，十分滑稽可笑，就给他起了个"牟大愚子"的绰号。牟恒不气也不恼，解释说："先君子自奉俭约，终身不衣帛，余小子不敢忘也。"牟恒自始至终保持着俭朴的生活作风，这在京官中实属罕见。有的官员觉得他实在是过于愚钝，而有的官员则打心眼里佩服他，但不管怎么样，"牟大愚子"的绰号已不胫而走。

牟恒深受康熙皇帝信任，曾多次受康熙派遣处理政事，这在古时被称为"代天巡狩"。作为监察御史，牟恒是栖霞县唯一曾经多次"代天巡狩"者。其"代天巡狩"牌，民国期间曾传至古镇都牟家，直到 1947 年土地改革时被砸毁。

90

晚年，牟恒因病隐退还乡，教育子弟，广传家训，为牟氏家族之兴盛竭尽暮年。此外，牟恒还投入了大量心血和精力资助八叔国珑增修《康熙栖霞县志》。虽然牟恒已经归隐，但栖霞地方官慑于牟恒威名，一时亦不敢为所欲为。

至乾隆年间，时任栖霞知县的卫苌在主持编撰《乾隆栖霞县志》时曾亲自撰写《牟俣御传》一文，对牟恒的政绩作了较为详细的记录，并给予牟恒以高度评价。此外，在"宦绩"之中，对牟恒的记载是："以进士初任户部，革钱局诸弊。寻擢御史巡城，理冤狱，抑豪右，一时为之肃然。"

牟恒是康熙统治后期牟氏家族仕宦中最杰出、最有成就的代表之一。牟恒勤于政事，生活俭朴，不仅使他自己得到了人们的尊重、爱戴，还为整个家族带来了良好的声誉。其实，撇开他的事迹不说，单以其"牟大愚子"的绰号，既可知其官品与人品，又可探其家风。

（五）数代勤俭建庄园

牟氏庄园坐落于山东省栖霞市城区北端古镇都村，是牟墨林家族几代人聚族而居的地方。牟氏庄园始建于清雍正年间，后经近百年的扩充和修建，成为我国北方规模最大、保存最完整、最具典型性的封建地主庄园。

牟氏庄园是牟氏家族遗留下来的最重要的文化遗产。在20世纪80年代之前，特别是在那个"以阶级斗争为纲"的年代，牟氏庄园曾经被当作"中国封建地主阶级生活的实物百科全书"，地主阶级对广大劳动人民进行残酷剥削、压迫的历史见证。然而，如果你全面了解了牟氏家族的历史，你就会明白，牟氏家族从第一世至第八世，家境几至赤贫，与普通农村家庭没有任何两样。即便是牟氏庄园始建之初，牟家的经济条件也十分一般。实际上，牟氏家族的崛起、繁盛，主要是由于牟氏家族子弟"耕读并举"，齐心协力，不断拼搏；而牟氏庄园的修建，从某种意义上说，是牟氏家族数代人勤劳创业、俭朴持家的结果。

牟氏家族第一世祖先牟敬祖落籍栖霞后，全家一贫如洗，在杨老汉接济下，寄居在南榆疃村（当时叫杨家村）。后来，牟敬祖的孙子牟进与杨老汉之女成婚，在村北边盖了一处草房。这处小房被牟氏后裔尊称为"牟氏宅窠"。牟进之子牟庆长大成人后，由杨家村迁到杨刘村居住。杨刘村原主要居住着杨、刘两姓族人。牟氏家族在这里繁衍十几代人以后，村民大部分是牟氏家族子弟，因此渐渐改名为"牟家疃"。

牟氏家族第八世牟道行是牟氏家族的第一个举人，曾任

直隶真定府同知。牟道行走上仕途后，把全家徙居栖霞城南
门里，并把牟氏宗祠由牟家疃故居迁到南门里牟家大厅。从
此开始，牟氏家族在栖霞县城有了立足之地。第十世牟国珑
等人即出生在南门里牟家大厅。

清康熙十三年（1674），牟国珑30岁，与众位兄长分
家。牟国珑买下外祖父郝梦柱在栖霞城里县衙门西长期闲置
的住宅作为自己的居所。此后牟国珑在这里继续刻苦攻读。
第十一世牟恒就任监察御史后，其父牟作孚在栖霞城南门里
道东、牟家大厅对面专门为仁修建了宅第，即察院府。康熙
三十九年（1700），第十世牟国珑回到栖霞故里后，在自己
居所东建了一座有明柱檐廊的三间包坯瓦房，并给它起了个
名字叫"悦心亭"。至此，在牟氏庄园兴建之前，牟氏家族
已经在栖霞县城拥有了牟家大厅、察院府、牟国珑居所及悦
心亭等多处房产。

牟氏庄园的营建是从雍三年间开始的。牟国珑有牟恢与
牟悌两子。牟恢勤俭持家，一生俭朴，惜天不与寿，去世时
年仅43岁。牟恢去世时，其独子牟之仪只有16岁，在此后
十几年的时间里，牟之仪与叔父牟悌同居一处。牟之仪即为
后来威震胶东的大地主牟墨林的祖父。雍正十三年（1735），
牟之仪承叔父之命，与叔父分家。在分家之前，牟悌在古镇
都村东购地一处，并开始建造古楼一栋，作为牟之仪的居

"西忠来"大门口

"宝善堂"寝楼前的院落

所。乾隆七年（1742），牟之仪由悦心亭偕妻林氏及两双儿女徙古镇都村即现在庄园所在地。当时，这里只有楼房一座，不久又在楼偏西处增建草堂四间，后来牟之仪的孙子牟愿相将这四间草堂命名曰"小瀚草堂"。此为牟氏庄园住宅正式诞生。那时，牟之仪一家的家境并不算富裕，家中的摆设亦十分俭朴。据牟愿相1799年所著《小瀚草堂古文集》记载："……君顾内外萧然如寒士家，凡古鼎法书彝器笋玩一概无有，甚至几案床榻之属，人家日用者皆无之。乡居后，始稍稍置焉，多粗蠢无文饰章。君亦安之，不以为拙也。"

牟之仪有五子，牟墨林之父牟綧是牟之仪的小儿子。乾隆四十八年（1783），在牟綧40岁时，由仲兄牟绥主持分家。牟绥分得古镇都原住宅，即现在的牟氏庄园，成为牟氏庄园最早的合法继承人。牟綧则被分到古镇都村西头居住，成为自耕农。

在牟之仪的五个儿子分家后仅四十年的时间里，牟绥的独子牟愿相（1760—1811）及其后人一直在古镇都原住宅居住。18世纪末，牟愿相为三个儿子又扩建了两座大厅，即后来的日新堂大厅与西忠来大厅。而在这段时间，牟綧一家一直住在古镇都村西。

嘉庆年间，牟綧通过经商，家业日渐扩大，购买土地达一千余亩，为牟墨林日后的发迹奠定了经济基础。嘉庆十七年（1812），由于牟绰年老突病，24岁的牟墨林开始主持家政，他买下祖宅古楼周围的空基地，始建牟墨林故居一处，并由村西头迁回庄园附近居主，这是牟墨林营建庄园之开始。从现在的牟墨林故居来看，那只是一个简单的四合院，是牟氏庄园当中最普通的一处建筑。由此可知，牟墨林营建庄园之初，整个家族的生活亦十分简单。

牟氏家族家业的暴发与繁荣，是从第十四世牟墨林开始的。牟墨林具有精明的经营头脑，"善务农"，"善用其财"，同时又有敢于拼搏的奋斗精神，因此在道光、咸丰年间，在较短时间内暴发成拥有四万余亩土地的大财主。随着家业的急剧扩大，牟墨林组织起由木工、瓦工组成的建筑施工队伍，逐步扩建了日新堂北群房、前堂房及西群厢等。牟墨林一直非常希望拥有一处可与悦心亭相媲美的大宅院，因此牟氏庄园初期之营建，无论规模还是形制，在很多方面都受到悦心亭的影响。

牟墨林在持家立业方面可谓非常成功，近乎完美，但在繁衍子孙后代方面却差强人意。原配李氏，性端淑，不苟言笑，一直未能给牟墨林生下一男半女。为了给牟家延续香火，在牟墨林三十多岁时，由李氏主持，先后为牟墨林纳妾四房，才最终生下了四个儿子。由于儿子尚在年幼，家中人口并不算多，而牟墨林整日或忙于处理家政，或忙于赈济灾民，故而此时牟家对庄园的营建规模不算大，而且断断续续、时建时停。

牟墨林堂兄牟愿相的子孙在牟墨林搬到祖宅古楼附近之前就在这里居住，后来牟愿相后裔日渐败落，相继外迁而去。同时，牟墨林四个儿子亦长大成人，逐渐到了成家另立的年龄。牟墨林组织起大规模的建筑队，逐步为其四子扩建了三处住宅，即宝善堂、忠来堂、南忠来。这是牟墨林大规模营建牟氏庄园的第一次高潮。这次大规模营建前后持续了近四十年的时间。咸丰十年（1860），牟墨林又将牟愿相子孙的故居全部买下。至此，庄园所在地全部为牟墨林家族拥有。

尽管牟墨林家产万贯，富甲一方，但是他依然牢记父祖"勤俭持家"的祖训，"俭以持躬，无苛刻事，宽以润物，无悭吝心"。后来，牟墨林为全族立下了五条规矩，其中第一条就是："自家人员都要实行节俭"。1870年，牟墨林临终前，召诸子立床前，嘱之曰："吾生平无丝毫浪费，扶困济厄，终身无懈，尔兄弟须记吾言，继吾志者乃吾子，否则，不汝血食也。"可以说，牟墨林一生勤俭持家，将奋斗大半生积聚起来的财富大部分投入庄园的建设当中。

光绪元年（1875），即牟墨林去世五年后，其四个儿子分家，形成了长子牟援的夫人李氏及嗣子牟宗植居住日新堂；次子牟振居住宝善堂；三子牟擢居住忠来堂；四子牟採居住南忠来之四大家之格局。不过此时牟氏庄园的建筑仅有一个框架而已，建筑数量十分有限。

牟氏庄园现存的很多建筑，如日新堂临街南群房及大门楼、宝善堂大厅、南群房及二门楼等，都不是牟墨林时期修建的，而是在分家后由各自三人逐步完善起来的。

牟墨林三子牟擢待两个儿子牟宗夔、牟宗彝长大后，扩建忠来堂为西忠来，并增建东忠来，直至光绪三十四年（1908）才完成了除东忠来大楼、大厅外的一切建筑。牟擢长子牟宗夔英年早逝，留下独子牟煜。民国元年（1912），牟宗彝、牟煜叔侄分家另立，牟煜以长支身份分居西忠来故居，牟宗彝分居东忠来。

宣统三年（1911），牟墨林四子牟採两个儿子牟宗榘、牟宗梅兄弟分家。牟宗榘因是长房，分得南忠来故居，而牟宗梅先借居宝善堂，随即在其花园处建师古堂，共历时五年建成。至民国初年，牟墨林的六个孙子各立堂号：牟宗植为日新堂；牟宗朴为宝善堂；牟忠夔为西忠来；牟宗彝为东忠来；牟宗榘为南忠来；牟宗梅为师古堂（又称阜有堂），牟氏庄园遂形成现如今三组六个大院之格局。

六大家形成后，牟氏庄园的营建进入稳步发展时期。民

"东忠来"寝楼山墙

"西忠来"小姐楼

国初年，牟宗彝倾全家财力，将东忠来大楼、大厅建成庄园最豪华的两处高大建筑物。由于耗费巨大，工程一度停滞，直至1920年方才竣工，大厅脚架直到1935年才拆除。现在日新堂大门楼处，原先仅是一般平房而已。牟宗植去世后，由女主人鹿氏主持家政。她为了使各个建筑之间般配、协调，将这些平房拆除重建，才建成现在大门楼的样子。宝善堂原无大厅，临街大门楼处亦是一处低矮的平房。1929年，宝善堂子弟将平房拆除，建成临街大门楼。

总之，到1935年前后，牟氏庄园方才形成现如今的规模，主体建筑占地两万平方米，建筑面积7200平方米，拥有堂屋、客厅、寝楼、太房、群厢等480余间。牟氏庄园前后建筑时间历经百余年，总共耗费银两大约43万两。

从牟氏庄园百余年来的营建过程可以看出，庄园的营建首先在于牟氏家族家业的不断扩大。牟墨林的暴发以及牟家财富的积聚为庄园的营建提供了最基本的经济基础；再者，庄园规模的不断扩大是出于人口增长的需要。牟墨林子孙后代人丁兴旺，随着众子弟长大成人，需要分家另立，这对庄园的营建提出了客观的、现实的要求。牟氏庄园的营建过程，在某种意义上说就是牟氏家族暴发、产业不断扩大的过程，也是牟墨林家族人丁繁衍兴盛的过程。然而，我们还应该看到，牟氏家族的暴发，在根本上是由于牟綧、牟墨林父子奋力拼搏、勤劳创业的结果；而在牟氏家族辉煌、繁华的背后，隐含的是整个家族勤俭、朴实的风气。

（六）"耕读世业，勤俭家风"对联的来由

去牟氏庄园观光旅游的人，大都是冲着牟氏庄园的建筑去的，如牟氏庄园建筑的"三大怪"、虎皮墙、石鼓等，都会给游客留些深刻的印象；同时人们总是试图从庄园的建筑去了解、回顾当年这些威震胶东的大地主腐朽、奢华的生活。牟氏庄园的建筑具有极高的艺术价值，确实值得一看，但是比起庄园建筑本身，牟氏家族的历史和文化、牟氏族人的精神和品格，更值得人们去追寻、探究。

牟氏庄园建筑群规模恢弘、结构严谨、古朴壮观、紧固敦实、雄伟庄重。无论牟氏主园的布局特点，还是建筑装饰、艺术特色，无不沉积了丰厚的历史文化、民俗文化，堪称北方民居经典之作。可以说，整个牟氏庄园是中国几千年农耕文明的集中反映。

既然说到建筑，那就先简单介绍一下牟氏庄园的建筑特色。牟氏庄园在营建的过程中，充分吸收了胶东民居建筑的丰富经验，同时又吸收了其他地方的建筑工艺、建筑技术并

牟氏庄园虎皮墙

"西忠来"大门口的石鼓

有所创新，从而形成了自身别具一格的鲜明特色。

牟氏庄园建筑有"三怪"、"九绝"之说。"九绝"分别指的是石鼓、石毯、青砖灰瓦浸豆汁、合瓦下面铺木炭、虎皮墙、花岗岩框架石钉墙、花钱屋脊、寿幛、堑墙石。"六怪"指的是炕洞设在寝室外、烟囱在山墙外、穿堂门儿一线开。这些方面之所以被冠之以"怪"、"绝"，主要是因为与当地建筑风格的巨大差异。这些所谓"怪"、"绝"特点的出现，并不是牟氏家族要刻意追求庄园建筑标新立异、与众不同，最根本的原因在于牟氏家族对庄园建筑的安全性、坚固性、舒适性的要求。

以"九绝"为例，其中"石鼓、石毯、虎皮墙、寿幛、花钱屋脊"五项主要指的是牟氏庄园装饰的精美绝伦，其中石鼓与石毯、石砌花墙，并称为"庄园三宝"。其余四项都是着眼于建筑的实用性，如"青砖灰瓦浸豆汁"增强了砖瓦的强度，使其保持了永不剥蚀的灰鸽色原型，历经百年而不改其色。"合瓦下面铺木炭"可以减轻屋顶重量，同时这种处理既能隔热又能吸水防潮，使室内产生了冬暖夏凉之效果。"花岗岩框架石钉墙"、"堑墙石"大大增加了房屋的抗震能力，使其极为坚固。

有不少到牟氏庄园来观光游玩的人在游览完毕后，很自然地把牟氏庄园恢弘的建筑规模、精美的建筑艺术完全归结为地主阶级对劳动人民残酷的剥削、压迫，实际上，这过于简单了。在新中国成立之前，封建生产方式依然是农村社会中最主要的生产方式之一。而且，牟氏家族原本也是一个贫寒之家，到牟墨林时才发展到拥有 6 万亩土地的大地主。他是怎样做到的呢？为什么唯独牟墨林能如此发展成威震胶东、闻名全国的大地主呢？这其中的缘由，只有那些深入了解牟氏家族历史的人才能得出正确的结论。

现在，作为当地最著名的景点，牟氏庄园是以原"西忠来"大门作为景区入口的。这一是因为，在牟氏六大家当中，"西忠来"的大门建得最为高大、宏伟；再就是因为，在"西忠来"大门上有一副金色闪亮的"耕读世业，勤俭家风"的对联，而正是这副对联，凝炼了牟氏家族最深厚的历史和文化，高度概括了牟氏家族重视农耕、崇尚读书和勤俭持家的文化特征。

这副对联中的"耕读世业，勤俭家风"八字原是牟氏家族第十世牟国珑提出的家训。

牟国珑（1645—1713）是"小八支"兄弟中最小的一个。他 37 岁中举，44 岁晋进士，52 岁时出任直隶南宫县令。后来，牟国珑遭到权贵的诬陷，于康熙三十九年（1700）解职归田。这一家训的提出，是对早年牟时俊确立的"读书取仕"之路的有益补充，标志着牟氏家族的奋斗目标由"读

"宝善堂"烟囱与屋脊装饰

牟氏三园寿幛

书取仕"向"耕读并举"的转变。此后，大部分牟氏家族子弟继续在科举之路上拼搏，而有的子弟则开始把精力专心用在土地经营、持家立业之上。在道光年间暴发为胶东著名大地主的牟墨林就是牟国珑的直系嫡孙。总之，"耕"与"读"两种道路相得益彰、相辅相成，共同促进了牟氏家族的不断强大和长期繁荣。这才是牟氏家族振兴、崛起的真正原因。至清末民初，牟国珑的裔孙请清末著名书法家、莱阳人王垿将牟国珑"耕读世业，勤俭家风"的家训书写并雕刻在"西忠来"的黑漆大门上，以昭诫子孙，由此可见，牟氏族人对这一家训的谨守和珍重。

牟墨林是牟氏家族中在持家立业方面最成功的代表。牟墨林与其他地主的不同之处是，他不仅头脑活泛，善于经营，重视积聚财富；还十分重视读书，也十分注重对子女的教育。牟墨林和他的子孙通过读书提高自身文化修养，懂得做人的道理，并将所学知识灵活运用到持家立业之中去，这是他们暴发以至长久繁荣的重要保证。此外，牟墨林是勤俭持家的典范。他虽家有良田数万亩，但牟墨林生平吃喝节俭，穿着俭朴。每天，牟墨林黎明即起，然后手持铁锨，斜背着粪篓，一边巡视农田，查看庄稼，掌握墒情，一边沿路拣拾家禽、牲畜遗留下的粪便，始终保持着庄户人的本色。

牟墨林去世后，清末福山翰林牟荫乔写了《牟墨林封翁传》，对牟墨林大力称颂。同时，牟荫乔还为牟家撰写了一副对联："墨守耕读呈陶富，林立懿德诏封翁"。这副对联把牟墨林暴发的原因归结为"墨守耕读"，把牟墨林一生的事迹概括为"林立懿德"，因此深受牟氏族人喜爱。现在，在牟墨林故居正房门口两侧挂的就是这副对联。如果你仔细品味，你就会发现，这副对联不仅归纳精准、寓意深刻，还藏头藏尾，即"墨林富翁"。

除了以上说到的两副对联之外，牟氏庄园日新堂门口两侧还有一副对联："绍祖宗一点真传克勤克俭，教子孙两条正路曰耕曰读"。绍，即"接续"的意思。对联的关键词主要有两个，分别为"耕读"、"勤俭"。这副对联与其他两副对联一样，都是对牟氏家族崛起的辉煌历史及其文化精髓的深度解读。

总之，牟氏庄园是牟墨林家族遵循先祖"耕读世业，勤俭家风"的家训，努力创业、不懈拼搏的结果，也是数代牟氏族人省吃俭用、勤俭持家的结果。

四、忠诚宽厚

　　"忠诚宽厚"，对普通百姓来说，是指为人诚实、厚道，与之相对的是奸猾、刻薄、轻狂。对那些入仕为官的人来说，"忠"是臣对君的道德准则，是指臣子对君主的绝对的遵从、恭敬和臣服，即"臣事君以忠"。

　　牟氏家族自先祖牟敬祖入籍栖霞以来，以忠厚传家，以诚信为本，为人敦厚质朴而有礼，处事平和谨慎而廉洁，严于律己，宽以待人。第十世牟国玠在《体恕斋家训并序》对牟氏家族几百年的发展史作了这样的概括："吾家自籍吾邑，盖三百年矣。忠厚开基，垂今十世，书香相继，绵远悠长，皆我前人之积行，有以致之也。"第十八世牟奠邦在《前谱叙传》中曾说："高祖以耆德隐，勤俭起家，善周间里之贫者，忠厚一脉实始基之。"可见，"忠厚传家"、"行善积德"成为牟氏家族为人处世之道的主要基调。

正所谓"忠厚传家久，读书继世长"。"忠厚"的家风不仅为牟氏家族赢得了良好的声誉，更为重要的是从根本上保证了牟氏家族的稳定发展和长盛不衰。

（一）"独履诸艰，才优政勤"的牟敬祖

牟敬祖，栖霞名宦公牟氏之始祖，原籍湖北公安县。按公安县牟氏世系，牟敬祖应为五世，其父乃公安牟氏的四世祖牟长庚，三世祖牟原诚是他的亲爷爷。据家传，公原名"敬"，"祖"乃尊称。元朝末年，生于湖北省公安县沙岗堤，自幼家境贫寒，且身处乱世之中，但是牟敬祖读书十分用功。其配氏已失考，有一子牟闻道，牟闻道成家后生子牟进。

1368 年，朱元璋建立明朝，年号洪武，建都于南京。时天下初定，百废待兴，正是用人之际。为了维护朱氏天下的统治，明政府亟须重新建立和充实国家机构，于是朝廷下诏，广招天下忠贤之名士，量才而用。洪武三年（1370），牟敬祖考中岁贡生，随后应朝廷之招，被任命为山东登州府栖霞县主簿。牟敬祖接到任命后，立即偕妻子、儿子闻道、儿媳以及孙子牟进一家五口，不远千里，由湖北公安老家前

往栖霞就任。

栖霞位于山东半岛的中北部，因"日晓辄有丹霞流宕，照耀城头霞光万道"而得名。元朝诗人王君实曾赋《过栖霞》诗赞曰："蓬莱南境是栖霞，依山傍水数百家，风俗若能存古意，武陵谁去觅桃花。"明朝初年隶属于登州府。经过元末明初的连年战争，栖霞城早已被践踏得破烂不堪，千疮百孔，几成一片废墟。

本来，按明朝初年官制，知县为一县之主官，掌一县之政令，教养其民，俗称"父母官"，正七品；知县之下以县丞辅之，理河渠、军政、粮马，正八品，而主簿只是正九品小吏，主要负责巡捕、征税粮之事。牟敬祖初来栖霞就任时，栖霞知县空缺，由县丞方亩负责一切政务。牟敬祖就任主簿后，方亩索性把县衙的所有差事推给牟敬祖，连知县的大印都由牟敬祖保管，随后更是一走了之。洪武五年（1372），陈文就任栖霞县丞，他跟前任县丞方亩一样，见破烂摊子实在难以收拾，又见牟敬祖勤于政事，不辞辛劳，自己甘愿落个轻闲。这样，牟敬祖虽然身为主簿，但实际上整个栖霞县主要的政务都由他来处理。

面临这个千疮百孔的烂摊子，牟敬祖没有退却。在三年的任期内，他克服重重困难，采取了诸多与民休养生息的措施，重修县公署、学宫、社稷坛等，新建了风云雷雨山川坛和邑厉坛，使栖霞的社会经济有了恢复和好转，人民的生活也有了一定改善。

荆凤乡蛇窝泊社南榆疃村（当时叫杨家村）有一个姓杨的老汉，是当地的一个小财主。他为人老实，勤俭能干，日子过得倒是富足。不料，突遇不测风云，摊上了一桩官司。一日，天刚蒙蒙亮，杨老汉早早起床要上山干活，谁知出门一迈步，便被绊了一脚，爬起来回头一看，原来是一具男尸横在门前。杨老汉大惊失色，抓紧上报县衙。

县丞方亩接到报案后，未经仔细查勘，也无视杨老汉的辩白，反而以杀人罪将其抓捕归案，关押在死囚牢内。杨老汉本是个本分老实之人，一时不知如何是好，整日唉声叹气、万念俱灰。

牟敬祖在批阅本案案宗时，发现此案有重大疑点，几经查访，终于查明案情，杨老汉被无罪释放。他十分感激牟敬祖的昭雪之恩，为了报答，多次进城致谢，皆被牟敬祖以"政事太忙，不予接见"为由而拒之门外。

不久，牟敬祖在主簿任上三年任期已满，要回南京向朝廷述职。正欲启程，忽患重病，岌岌可危。杨老汉闻讯后，为表达对牟敬祖的感激之情，将其一家五口接到南榆疃村，对其悉心照料，帮助甚多。

不幸的是，牟敬祖虽多方寻医问药，效果欠佳，一病就是三年多。待病愈之时，早年任主簿时的那点积蓄早已全部花光，全家上下已是一贫如洗。牟敬祖在病魔缠身之时，常常思念湖北公安故乡的宗亲故旧，但是由栖霞至湖北公安老家路途几千里之遥，况天下初定，路途上有很多难以预测的凶险和艰难；牟敬祖虽思乡心切，无奈身体虚弱，又没有盘缠，不得已只得在南榆疃村长住下来。杨家有许多山地，牟敬祖一家从此以后就靠给杨家看山、开荒种点地以及砍柴卖柴为生。就这样，牟敬祖由官变民，落籍于栖霞县，从而成为栖霞牟氏家族的一世祖先。

由于牟敬祖勤政爱民，所以他过世后，栖霞人们为了纪念他，按知县的规格，崇祀于栖霞县名宦祠，享受着全县人民的香火。"名宦牟氏"由此而来，其后裔便被称为"栖霞名宦公牟氏家族"。牟敬祖的生平事迹散见于光绪《栖霞县志》、《登州府志》和《山东通志》。《栖霞县志·循吏传》这样记载牟敬祖的事迹："时值兵兴，令相继以事去，敬祖独履诸艰，才优政勤，百废修举，祀名宦。"

从牟敬祖一直到第八世，牟氏家族家境贫寒，生活艰难，且人丁稀少，势单力薄，在当地也没有什么社会地位。为了避免遭到当地人的排斥和欺辱，牟氏族人处处事事小心谨慎，不与人争。牟氏长辈经常以事事谦让、委曲求全的观念来嘱咐晚辈，以免带来不必要的麻烦。第四世牟庆的两个儿子分别取名牟谦、牟让，可能就是这种心态的体现。表面上看，牟氏一家唯唯诺诺、任人欺辱，而在本质上体现出的则是牟氏族人"忠诚"、"忠厚"的品质。总之，在第八世之前，尽管牟氏家族在当地并没有什么影响，事迹也不显闻，但是，人丁的稀少、家族势力的薄弱，以及"外来户"的身份等因素，共同造就、强化了牟氏家族的"忠厚"之风。

（二）"勤敏平和"的"神君父母"牟道行

在明朝政府统治后期，牟氏家族开始崛起，有数人通过刻苦攻读、金榜题名而进入仕途，其中牟道行是这一时期牟氏家族中最有成就、最有代表性的官员。他不仅勤于政事、清正廉洁，还富有爱民之心，因此被百姓称为"神君父母"。

牟道行（1568—1618）字兆可，号济川，是牟时俊第六子。在牟时俊"延明师，课诸子"以后，牟氏家族大部分子弟全力以赴走上"读书取仕"之路。万历十九年（1591），牟道行高中举人，时年仅 24 岁。他是栖霞牟氏家族的第一位举人，这标志着牟氏家族在"读书取仕"道路上的奋斗已经达到了一定的水平。

牟道行中举后，继续刻苦攻读，试图在科举之路上更进一步，但屡试不第。牟道行出身于穷苦农民家庭，深知百姓的疾苦，对广大农民怀有深深的尊敬和同情。有一年，栖霞遇到大旱灾，农民受灾严重，庄稼大大减产，有的地方甚至颗粒无收，很多农民缴不上田赋。牟道行为百姓代纳一社丁银，并且多次声明不需百姓偿还。当地百姓由衷感谢，一片称颂之声。万历四十二年（1614），牟道行 47 岁时经谒选出任河南宜阳县知县，后晋阶奉政大夫、直隶真定府同知。

牟道行在任宜阳知县期间，他关心百姓疾苦，勤政爱民，无时无刻不以百姓生活为怀。宜阳久受水灾之苦，田地荒废，百姓生活艰苦，积欠政府赋税的情况比较严重。前任知县实行严刑苛法，对那些到期缴不上赋税的人，严加惩处，因此一到缴纳赋税的最后期限，一大批无法缴纳赋税的人被锒铛下狱。甚至父死责其子，兄亡捕其弟。牟道行莅任宜阳知县后，不忍心对百姓苦苦相逼，慷慨将自己的俸银捐出，代百姓缴纳田赋。

为了治理水害，彻底改变宜阳的落后面貌，牟道行上任后不久立即到水灾严重的地方巡视，察看地势，并动员百姓于黄涧口、鱼儿泉、韩城镇、水兑村、神后等多处凿山阜、开沟渠、决淤塞、筑堤坝。此后，每逢天涝之年，则泄田水入河；每逢天旱之年，则引河水灌溉。没几年后，宜阳县禾壮粮丰，民歌四野，流民纷纷返乡。农业生产恢复后，农民积极缴纳田赋，再也不用政府催逼。

宜阳县人口众多，但经济十分落后，再加上天灾与人祸，致使许多老人流离失所、无以生计。牟道行出任宜阳知县时已经年近半百，随着自身年老体衰，他对这些"鳏寡孤独"之人格外关心、关注。当时，宜阳县养济院年久失修，形同荒废，而县衙财政入不敷出，实在无瑕顾及。牟道行的官俸本来十分寒酸，又有一大家子人需要供养，平日积蓄无多，但他时时刻刻将这些孤寡老人牵挂于心。万历四十三年（1615），他将多年积蓄悉数捐出，对养济院进行全面修缮。为了保证工期和建设质量，牟道行亲临施工现场，对工程进展进行监督。三个月以后，养济院终于修缮完毕，共有房屋四十余间，可以安置孤寡老人数百人。养济院修缮完毕后，牟道行撰写《重修宜阳县养济院碑记》一文，并勒石以纪念。他之所以这样做，并不是要标榜自己的功劳，而是为了"勒石以告同志，共挂不忍之心"，以引起各级官员对孤寡老人的重视。

宜阳县土地祠年久失修，几近坍塌。在安置好当地无家可归的孤寡老人后，牟道行又捐俸重修宜阳县土地祠。他之所以这样做，目的在于"聊以报其生物之恩，而因以寄余区区为民之一念耳"。

此外，牟道行在宜山创立复社书院，延明师授课。且十日亲临一课，与诸生问难并对学生发放津贴，鼓励学生勤奋好学。后学生多学有所成，书院学风亦日趋浓郁。

牟道行于宜阳闲暇之时，常与游人登翠屏山绝顶。牟道行家乡栖霞县境内白洋河畔亦有翠屏山，因此常借登临山顶，抒发思乡之情。牟道行将登临两地翠屏山的感受作对比，先后留下《步何思鳌〈春日观翠屏〉韵》十首，因此自号"两屏"。另外，他还撰有《登圣水庵》、《谒长春像》、《步左思忠〈游滨都宫〉韵》、《〈邑乘〉序》等诗文，均被收录于《栖霞县志》。

牟道行宰治宜阳五年，因治行显著，宜阳人感谢牟道行的恩德，称之为"神君父母"。牟道行离任后，宜阳人将其祀供于七贤祠。《乾隆栖霞县志》称他"勤敏平和，政举其要，省荒劝农，动得古法"。

牟道行一生为人正直，为官廉洁奉公，且常以此教育子弟。牟道行离任宜阳后，晋升为直隶真定府同知。当时长兄牟道南之子牟钲任归德府通判，牟道行常遣人将朝服送归德，让牟钲亲纫两袖，以示"两袖清风"，同时告诫牟钲一定要清正廉洁。牟钲深受叔父道行的影响，一生为官清正，后升山西忻州知州。据《忻州志》记载："牟钲，山东栖霞贡士，万历四十七年任，称其公廉则正。"牟道行教育牟钲的事迹，在当时亦传为美谈。牟氏族人更是引以为豪、津津乐道、念念不忘。

明万历四十六年（1618），牟道行在直隶真定府同知任上去世，年仅 50 岁。清朝康熙三十九年（1700），宜阳百姓请于朝廷，崇祀牟道行为宜阳名宦。自明朝万历四十二年牟道行出任宜阳知县至此时已近百年，宜阳百姓依然对牟道行思慕不忘，牟道行之善行与政绩，由此可窥一斑。

（三）"勤慎廉惠"、"廉明仁厚"的牟国珑

牟氏家族"小八支"中，牟国珑是兄弟八人中年龄最小的一个，也是成就最为突出的一个。

牟国珑（1645—1713），字作霖，号重季，牟镗之八子。牟镗为教子成才，亲自授课，读无虚日，时人称誉"能教善诲"。后来，八子中牟国玠、牟国珑两人高中进士，其余也皆有成就。

牟国珑的童年并不算幸福。1651 年，牟国珑 7 岁时，母亲因病去世。次年，牟镗去世，年仅 47 岁，时牟国珑只有 8 岁。此后，牟国珑全靠牟国玠等诸位兄长拉扯长大，抚养成人。有一年，牟国珑曾患重病，六哥牟国琛亲调药饵，且抱持数月不眠。

正当牟国玠克服重重困难，勖勉诸弟在"读书取仕"的道路上艰难拼搏之时，因受于七抗清案牵连，牟家八个子弟中有七人被清政府抓捕，并逮至济南下狱，当时牟国珑只有17岁。在狱中经历了三年的煎熬、折磨后，牟国珑同诸位兄长一样，变得成熟了很多。1663年，牟氏兄弟被无罪释放，此后牟国珑等人在长兄牟国玠的带领下，更坚定了发愤攻读、读书取仕的信念。

1667年，即在长兄牟国玠领乡荐、得中举人的第二年，牟国珑22岁补为博士弟子。康熙壬子年（1672），被选为贡士。康熙二十年（1681），37岁时得中辛酉科举人。康熙三十年（1691），牟国珑47岁时又高中辛未科"三甲九名"进士。在清代牟氏家族所有的十位进士中，牟国珑科举会试成绩的排名仅次于第十四世牟昌裕（三甲六名），列第二位。康熙三十五年（1696），牟国珑出任直隶南宫县令，此时牟国珑已52岁。

南宫县西临漳河，由于治理不当，每逢汛期，泛滥成灾。南宫县有八个村子频频遭受水患，农田几乎颗粒无收，百姓苦不堪言。由于生活艰难，这几个村子的赋税积欠达四年之久，未能交齐。康熙丙子年（1696），即牟国珑就任南宫县知县的那一年，正值南宫县旱涝灾害频发，收成大减。牟国珑在各地开设粥厂，救济难民；同时开放官仓，向百姓借粮。对那些特别贫困而无法偿还的百姓，牟国珑全部以捐纳官俸代他们偿还，使这些贫苦百姓顺利度过难关。同时，牟国珑迅速将灾情上报，恳求政府赈灾，并请求清政府减免3/10 的正赋。待灾情稍稍缓解以后，为了减轻水患，保证农业生产，牟国珑组织人力、物力，加强对漳河的治理。

对于百姓积欠的赋税，牟国珑也感到十分棘手。但赋税已积欠多年，数目越积越多，对于百姓来说确实是一项沉重的负担，而百姓并非有意拖欠，实在是因为水患所逼和生活所迫。牟国珑不忍心强逼百姓，最后以自己辛勤积攒下来的官俸为百姓垫付了白银一千余两。

牟国珑任职南宫之时，由于多次慷慨解囊，救济受难百姓，致使自己贫窘无计，一家生活都受到严重影响。为了解决生活上的困难，牟国珑利用闲暇之余，设学馆，招收学徒，讲学授课，以微薄的收入维持生活。

牟国珑为官不但亦政亦教，爱惜百姓，而且刚直不阿，断案秉公执法。当地一位乡绅，凭借与朝中某权贵有亲戚关系，经常欺压百姓，胡作非为。有一次，居然因小事肆意殴打其乳母，并设计栽赃诬陷。这位乡绅自恃朝中有人撑腰，又觉得自己做得天衣无缝，竟恶人先告状，将其乳母告到衙门。牟国珑经过仔细勘查，终于查明实情。他铁面无私，不顾朝中权贵的说情，毅然将这位民怨已久的乡绅绳之以法。

南宫县人民对牟国珑皆称颂不已，保定巡抚于成龙也对牟国珑给予了嘉奖。于成龙（1617—1684）是山西永宁州（今山西离石）人。明崇祯十二年（1639）举副员，清顺治十八年（1661）出仕，历任知县、知州、知府、道员、按察使、布政使、巡抚和总督、加兵部尚书、大学士等职。在二十余年的宦海生涯中，于成龙三次被举"卓异"，以卓著的政绩和廉洁刻苦的一生，深得百姓爱戴和康熙帝赞誉，以"天下廉吏第一"蜚声朝野。能得到他的嘉奖，实在是一件十分荣幸的事情。康熙三十六年（1697）八月初三，清政府亦对牟国珑的政绩予以表彰。

然而，牟国珑的刚直不阿得罪了当地的乡绅以及他们背后的权贵，引起他们的忌恨。他们勾结在一起，伺机报复，这使牟国珑的仕途充满了凶险。康熙三十八年（1699），牟国珑出任顺天乡试同考官，某权贵借机设计诬陷牟国珑营私舞弊并起讼到吏部。牟国珑对这一指控极为愤怒，极力辩解自己的清白，但是吏部官员收受权贵的贿赂，对牟国珑多方刁难。康熙三十九年（1700），尽管吏部始终查无实据，但牟国珑最终被解职归田。

牟国珑在南宫知县任上时，多次慷慨解囊，为当地百姓代缴田赋，因此平日积蓄无多，被解职后，连回栖霞的路费也难以凑齐，最后依靠学馆弟子们的捐助方得以回到故乡栖霞。牟国珑从南宫县离职时，当地百姓依依不舍，含泪相送，前来送行的队伍绵延数里。随后，南宫县百姓为之立碑、建祠以奉祀。

仕途突遇变局，使牟国珑受到很大打击。回到栖霞故里后，牟国珑在栖霞城西门里住宅东建"悦心亭"，邀友评点史籍、讲学论文。倦则沦茗植花，或焚香静坐，聊以自娱。后来他的冤案得到昭雪，有人劝他复出，但此时牟国珑早已对仕途心灰意冷，答曰："吾所悦不再是，吾将以丘壑老矣！"终不复出。牟国珑还写有《南宫归咏》诗，以表心志，诗曰："清风两袖意萧萧，三径虽荒兴自饶，世上由他竞富贵，山中容我老渔樵。"

晚年，牟国珑参与了《康熙栖霞县志》的增修。当时，栖霞知县郑占春主持增修《康熙栖霞县志》。牟国珑的长兄牟国玠曾是《康熙栖霞县志》的主要撰修者之一，再加上牟氏家族在栖霞的显赫地位以及牟国珑的品操与学问，因此牟国珑亦受到郑占春的征召和邀请。同时，郑占春筹措资金，对栖霞城内"明伦堂"大加修葺。牟国珑饱读儒家经典，深受儒家文化熏陶，深知此事意义之重大，于是撰写《重修明伦堂记》以述其经过，并收入《康熙栖霞县志》当中。

康熙五十二年（1713）三月十二，牟国珑与世长辞，享年 69 岁。南宫县绅民闻讯后，数百人不顾千里迢迢，来栖吊唁。康熙末年，栖霞拔贡生李任在所撰《悦心亭记》一文中，记录了牟国珑解职归田后的生活，并盛赞牟国珑为官"廉明仁厚"，《乾隆栖霞县志》则赞之曰"勤慎廉惠"。

牟国珑晚年曾提出"耕读世业，勤俭家风"的家训，对牟氏家族日后的发展产生了重要的影响。日后，这一支族人非常兴旺，名人辈出。经学大师牟庭、著名文学家牟愿相、威震胶东的大地主牟墨林等都是牟国珑的直系子孙。

（四）"立德可敬"、"极遵仁信"的牟绥

牟氏庄园最早的主人不是牟墨林，而是牟之仪、牟绥父子。

牟之仪（1706—1750）是牟国珑之嫡孙，牟恢之独子。牟之仪的父亲牟恢勤俭持家，一生俭朴，可惜天不与寿，去世时年仅43岁，而此时牟之仪只有16岁。在牟恢去世后的十几年时间里，牟之仪一直与叔父牟悌一起居住在栖霞悦心亭。叔父牟悌待之如亲生骨肉，而牟之仪平生居简守拙，孝友是从，事叔如父。

雍正十三年（1735），牟之仪已至"而立之年"，承叔父之命，与叔父分家。在分家之前，牟悌在古镇都村东购地一

处，并开始建造古楼一栋，作为牟之仪的居所。乾隆七年（1742），牟之仪由悦心亭偕妻林氏及两双儿女徙古镇都村即现在庄园所在地。牟之仪为人忠厚、处事谦和，对其子牟绥产生了深刻的影响。

牟绥（1728—1791），为牟之仪仲子。在父亲牟之仪的教诲和影响下，牟绥一生以孝敬、德行、文章卓然异闻。

乾隆二十四年（1759），牟绥三十多岁时，前往济南跟从德州著名学者宋弼先生苦读。宋弼为乾隆三年（1738）举人，乾隆十年（1745）进士，曾授翰林院编修，分纂《文献通考》。先生性情耿介，爱好直言，曾多次对牟绥大加称赞。

牟绥平素与兄弟、族人、乡里融洽相处，极遵仁信，备受时人赞誉。乾隆三十五年（1770），栖霞县举行童生考试，登州府太守亲往栖霞县巡查监督。点名结束后，太守对应试者进行了训话，其中特别提到牟绥说："栖邑城北牟生，立德可敬，尔辈当效法。"并希望大家以他为榜样，刻苦读书，忠厚为人。乾隆辛卯年（1771），牟绥经过努力拼搏，终于在43岁时考中举人。

乾隆四十八年（1783），牟绥兄弟五人分家，牟绥分得古镇都牟氏庄园老宅。牟绥把小瀹草堂设为牟氏家族家塾，亲自兼任家塾塾师，教授牟家子弟，并和学生们一起在草堂食宿。当时，牟绥侄子牟贞相、牟庭相等人都曾在小瀣草堂跟随牟绥读书。据牟愿相《小瀣草堂记》回忆，"癸卯（1783）家人分居，我父授徒其中，我父宿西间，诸生东间。"牟绥侄子牟贞相、牟庭相受牟绥言传身教，获益颇多，后牟贞相考中进士，牟庭相成为一代经学大师。

乾隆五十年（1785），牟绥出任山东莱芜县正八品教谕。牟绥在莱芜教谕任上先后六年之久，励节操，守穷困，然而在教学上兢兢业业，精益求精，赢得了人们的高度赞誉。当时有人称，牟绥"所得只一'好'字耳"。有一年，学使胡公莅临泰安府督导。当时，有一位学生对《诗经》中的一段字句存在误解，学使当即提议"让牟绥指正"。牟绥当即挺身立于学使案下，手持卷，口摘其误。每一节毕，学使必高声称是。

牟绥在教学中特别注重因材施教，因教人善以法度为师，凡是听从其建议的人，参加考试必有意外收获；凡是没有听从其建议的人，参加考试多有失误。因此，那些即将参加考试的学子们，在赶考之前争相登门向牟绥求教，以至门庭若市、宾客如流。

牟绥就任莱芜县教谕后，其子牟愿相跟随父亲来到莱芜，在父亲教导下继续攻读。在随父亲流寓莱芜的六年间，牟愿相写下了诗、文等数十篇，共计十余万字。牟愿相所著诗文大都收入《小瀚草堂文集》、《小瀚草堂诗集》。牟愿相一生喜爱写诗作文，而且诗、词、文俱佳；其诗词文章生动活泼，文笔清新，饱含感情。牟愿相因此被誉为山东著名文学家。

纵观牟氏家族发展历史可以看出，牟氏家族第十三世子弟中出仕为官者只有两人，牟绥即其中之一。而在第十四世时，牟氏家族子弟在"读书取士"的道路上硕果连连，不仅先后有牟贞相、牟昌裕两名进士，牟应震、牟秋馥两名举人，还出现了经学大师牟庭、著名文学家牟愿相等重要人物。第十四世之所以取得如此成就，牟绥起了承前启后的作用，功不可没。

（五）"急公好义"、"扶困济厄"的牟墨林

在中国古代社会中，长期以来在民间流传着"忠厚传家远，诗书继世长"的谚语。这些有关"忠厚"、"积善"之类的古话和警句对于牟氏家族来说也是最合适不过的了。牟氏家族长盛不衰的一个重要原因是"忠厚传家"、"行善积德"。

牟氏家族是一个书香门第、文化世家，具有深厚的文化底蕴，这是牟氏家族与其他一般地主的重要不同之处。

　　自第七世开始，牟氏家族十分重视对子孙后代的教育，历代子弟专心"读书取仕"。整个家族对教育的重视、家族浓郁的文化氛围，使得牟氏家族子弟的自身素质和文化修养大为提高，为家族的振兴、财富的积累提供了思想和文化支持。同时，牟氏家族在家庭教育中要求子孙后代严格恪守儒家传统道德观念，"行善积德"、"忠厚传家"，这在牟氏家训中有充分的体现。牟氏第十世"小八支"牟国玠、牟国琛、牟作孚等人都曾留下家训，以告诫、教导子弟，在这些家训中，有关"德"与"忠厚"的内容占了很大比例。此后，忠厚的品德基因在牟氏家族中凝结为一种家族文化，代代相传。牟墨林就是一个最典型的例子。《光绪栖霞县续志》称他"急公好义"，清末福山翰林牟荫乔所撰《牟墨林封翁传》中说他"扶困济厄，终身无斁"。

　　牟墨林（1789—1870），字松野，古镇都人，生于乾隆五十四年（1789），卒于同治九年（1870）。牟墨林是牟氏家族第十世"小八支"牟国珑的嫡系后裔，其曾祖父是牟恢，祖父是牟之仪，父亲是牟綧，而牟墨林是牟綧之独子。著名经学大师牟庭是牟墨林堂弟。

　　牟墨林在咸丰年间发展成为威震胶东的大地主。然而在牟墨林之前，牟氏家族虽然在"读书取仕"方面取得了令人瞩目的成就，但是在家业、资产方面在当地还算不上大户。

乾隆七年（1742），牟墨林的爷爷牟之仪分家另立时，分得土地三百余亩，后来虽苦心经营，但家业扩充甚微。牟綧是牟之仪五个儿子中最小的一个。1750 年牟之仪去世，此时牟綧年仅 7 岁。兄弟五人分家，牟綧分得土地六十亩，迁到古镇都村西头平房居住，成为自耕农。由于家境并不富裕，迫于生计，牟綧年少时就时常参加繁重的体力劳动。此后，在四十多年的时间里，牟綧像其他勤劳朴实的农民一样，勤于劳作，省吃俭用，拼命积攒着家产，然而日子一天天过去，家里的日子却风雨浮沉，时好时坏。

实际上，牟綧的家业和生活，在他年近百半之时才开始出现转机。牟綧 46 岁时，妻子姜氏为他生下了一个儿子。牟綧希望孩子将来读书有成、科举入仕，所以给他起了个颇为文雅的名字"墨林"。牟墨林稍稍长大以后，牟綧聘请老师教他读书识字。牟墨林学业渐长，在嘉庆年间曾成为太学生。可是牟墨林后来对"读书取仕"慢慢丧失了兴趣，逐渐关心起农耕之事，最后干脆彻底放弃了"读书取仕"的努力，专心跟父亲学习操持家业。

牟綧家业的扩大主要是在嘉庆年间，即牟墨林十五六岁之时。嘉庆年间，东北的粮食连年丰收，而关内连遇罕见灾荒，粮食紧缺，广大百姓生活艰难。此时，经过半生的历练，牟綧已富有经营头脑，他捕捉到这个商机，租船到辽东贩卖粮食，囤积居奇，然后在荒年岁月、青黄不接之时，外集粮食卖钱，置办土地。通过贩粮，牟綧从中赚取了很大的利润，经济实力大为增长。清嘉庆九年（1804）春，久旱无雨，又逢蝗灾，牟享继续以粮换地。到临终前，牟绰置办的土地逐渐累积到千亩以上，形成了初具规模的地主家业。

牟綧性情温和，待人和善，富有慈悲心肠，在发家致富以后，遇有灾馑之年，慷慨赈济。《栖霞县志·人物志》中曾记载：嘉庆间，牟綧"岁祲赈粟，全活甚众。"

牟綧的发迹为日后牟墨林的暴发奠定了经济基础，同时，牟墨林从牟綧那里继承了很多优点，如勤劳俭朴的品格、灵活的经营头脑、敢于冒险的创业精神等，这些成为牟墨林家业不断扩大的重要保证。此外，牟綧扶危济困，赈济灾民，使得牟氏家族在乡里百姓间享有良好的名声和口碑，这对牟氏家族以后的发展都是十分有利的。

清嘉庆十六年（1811），牟綧病故，年仅24岁的牟墨林接管了家政。在父亲的多年栽培下，牟墨林此时在农耕、经商等方面都已经积累了丰富的经验。他继承父业，恪守父训，通过继续扩充土地来积聚财富。他在世八十多年，置办土地的时间长达五十余年。牟墨林精于谋略，俭以持躬，曾提出"人不患无财，患不善用其财"的主张。

在封建社会里，广大农民占有少量土地，由于生产力的低下，平日生活仅足温饱，家无存粮，一遇灾荒歉收，大部分家庭无法生活。为了生存下去，广大农民不得已把仅有的土地卖掉，换取粮食，以求活命。而鸦片战争前后，栖霞发生历史上罕见的灾荒。据《栖霞县志》载："道光十五、十六年，栖霞大风伤稼，岁大歉，人相食。"《登州府志》记载，"道光十五年六月，大雨，七月四日又大风三日，禾尽抉根，大木皆拔，大饥。"绝无生计的饥民们，纷纷到牟墨林门前借粮。牟墨林一面开仓赈济灾民；一面坚持"只换不借"的原则，让灾民以土地换取粮食。后来，牟家存粮所剩无几，而灾民仍蜂拥而至。牟墨林瞅准官府从海北向登州筹拨高粱的机会，历经凶险从东北贩运一船高粱来栖霞，然后开仓用高粱换取土地。就这样，大量土地集中到牟墨林手中，使其在短时间内暴发，成为胶东一带赫赫有名的大地主。

在大灾之年，牟墨林赈济灾民，冒险去东北贩粮，都是当时"事关郡邑利弊"的大事，不仅帮助农民渡过了难关，还挽救了无数灾民的生命。牟墨林的"急公好义"之举，从根本上说是由于他心系百姓的"大公大德"之心。

"财自道生、利缘义取"的价值观是牟氏家族经营理念的重要组成部分。牟墨林的成功在本质上说得益于对"义"的矜持和追求。牟墨林冒着生命危险去东北贩粮之举于灾民有益，于自己有利，而其中最为重要的是符合百姓的利益，也符合国家社会稳定、安抚灾民的需要，因此从某种意义上讲，冒险贩粮就是施义于民，施义于国家。牟墨林通过贩粮所得之"利"，在救民于水火的"大义"面前，其实根本算不了什么。而牟墨林所得之"利"，在本质上可谓"以义取利"，这既体现了牟氏家族对中国传统伦理原则的恪守，又反映出对"义"、"利"辩证关系的深刻领悟和把握。总之，正是因为牟墨林"以义取利"，不仅实现了家业的暴发，还为牟氏家族赢得了"急公好义"的良好声誉。

牟墨林家族发家致富以后，并没有满足于现有的家业，放弃进取的精神，更没有贪图安逸、享受，而是继续在封建土地所有制下依靠土地进行经营。

在当时，封建生产方式是在社会上占统治地位的生产方式，它的存在不仅具有其合理性，还是必然的。关键问题是，在封建生产方式下，如何处理和解决地主与农民之间的矛盾，协调他们之间的关系。牟墨林清楚地看到，牟家日后的发展离不开广大朴实勤劳的农民，因此他在大力扩充土地的同时，通过"租佃制"的形式，使得农民继续留在自家的土地上，以为自己所用。同时，实行低地租制，并大量运用"以工代赈"、免费为佃户提供住所等办法，缓和与佃户农民的关系，这显示出牟墨林的精明之处与过人之处。牟墨林的这些做法，概括起来就是"以利弘义"。

牟墨林不但善于经营，而且乐善好施。"乐善好施、扶困济厄"是牟墨林"急公好义"的又一具体表现。每遇大灾，牟家总是主动带头施赈。道光十六年（1836），胶东遇到百年不遇的灾害，很多地方颗粒无收，百姓挣扎在死亡线上。牟墨林开仓放粮，赈济灾民，各地的灾民闻讯后都纷纷涌向栖霞古镇都。有人曾经提醒牟墨林，照这样下去，牟家的家业恐怕维持不了多久。牟墨林不忍将灾民拒之门外，说："能多救活一人则少死一人，我一定要尽我最大的努力。哪怕是牟家的家业败在我手里，我但求问心无愧。"道光二十八年，牟墨林带头捐纳制钱五百千，帮助栖霞县知县方传植办起了霞山书院，供栖霞学子读书。咸丰年间，英法联军入侵京津，各州县奉檄筹饷。此时牟墨林已经七十多岁，他立即命儿子捐献了白银两千两，并因此得到了皇帝"封翁"的表彰。咸丰、同治年间，捻军两次袭扰栖霞。牟墨林与邻近村庄乡绅联合起来，组织团练，铸造兵器，防御捻军的进攻，从而保证了当地的安全，同时，牟家出资在方山以西修筑石围子一处，以为当地百姓避难之地。此工程耗费巨大，殆以万计。周围二十余村百姓对牟家感激涕零，镌金泐碣，以志不忘。

牟墨林对广大佃户以及素不相识的饥民，都极为友好、和善。对佃户，牟家多年来一直实行低地租制、以工代赈，并免费为佃户提供住房。对饥民，则是一视同仁，从不歧视，长年施舍。而牟墨林自己在积聚了大量土地以后，从来没有用于挥霍、安逸，他整日布袜青履，穿着朴素，吃喝节俭，终生保持了庄户人的本色。

1870 年，牟墨林在临终前，把几个儿子叫到床前，嘱咐他们说："我平生无丝毫浪费，扶困济厄，终身无懈，你们兄弟几个一定要记住我的话，继承我的事业，否则我不认他是我的子孙。"牟墨林去世后，其子孙遵照他的训导和嘱托，"偶遇水干，仍旧施食。"平日里对饥民也是常年施舍，从不间断。一百多年间，牟氏家族光施舍灾民就动用了约一亿多斤粮食。清末福山翰林牟荫乔在《牟墨林封翁传》中曾称赞牟墨林："俭以持躬，无苛刻事，宽以润物，无悭吝心。"牟荫乔还为牟家撰写了一副对联："墨守耕读呈陶富，林立懿德诏封翁。"

过去常说：富不过三代。可是，从牟墨林的父亲牟绰开始一直到 1947 年土地改革之前，牟家经历了五代人的鼎盛，历时近二百年，堪称奇迹。

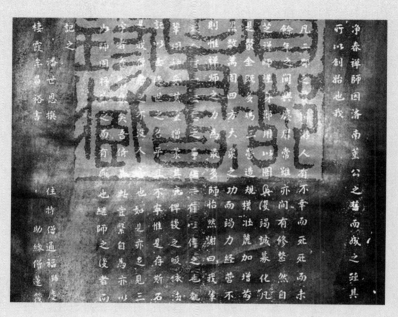

牟昌裕宝应寺碑局部

（六）"勤劳职业，视公事如家事"的牟昌裕

牟昌裕（1747—1808），字启昆，号松岩，栖霞城北宫人，牟国琛之玄孙、牟暄之子。牟暄（1723—1781）曾于18岁时补博士弟子，乾隆庚辰年（1760）中举，然而后来两试礼部不第。由于生活贫困，终生以教诲诸子侄读书为业。

乾隆四十二年（1777），牟昌裕30岁时被选为拔贡，并于同年考中举人。牟昌裕中举后，深得栖霞官员器重。次年，钟凤腾任栖霞县令，他见明伦堂年久失修，着意修葺，最终于乾隆四十六年（1781）落成一新。牟昌裕受人邀请，撰《重修学宫记》以纪念。

乾隆五十五年（1790），牟昌裕高中庚戌科进士。在牟氏家族十位进士中，牟昌裕科举会试成绩的排名最靠前，列"三甲第六名"。随后，牟昌裕因学业突出被钦点为翰林院庶吉士。三年后，由散馆改三事，签分礼部仪制司行走。逾年选授工部虞衡司主事，后又历任都水司主事、营膳司员外郎、郎中，顺天乡试同考官，江南道、云南道、河南道监察御史，署理九省军门总漕部堂等职。牟昌裕是牟氏家族仕宦中最为杰出的代表之一，其政绩也最为突出。

牟昌裕在工部为官时，勤于政务，清廉正直，他的同僚陈鹤曾称赞他"勤劳职业，视公事如家事。"陈鹤是嘉庆元年（1796）进士，官工部主事，性廉洁，笃于行谊，与牟昌裕、郑士超有"工部三君子"之称。

嘉庆十年（1805），牟昌裕被擢升为江南道监察御史。牟昌裕在监察御史任上时，"不为矫激之论，能言别人所不能言"，时人多称赞"牟君真御史也。"

牟昌裕上任仅仅三天，即上封章言事。第二天，嘉庆皇帝特命牟昌裕巡视南城。就资历而言，当时有许多官员超过牟昌裕，但是皇上特意将这一差事交给牟昌裕，反映了皇上对牟昌裕的信任。牟昌裕巡视南城一年，凡有遇诉讼案件，及时处理，而且事必躬亲，从不推诿给下属。每到夜晚，当夜深人静之时，牟昌裕依然要到南城巡视一遍，即便是三九严寒的冬夜也从不例外。南城有一个差役，为非作歹，仗势欺人，在当地为害十几年之久。牟昌裕就任后，不畏强暴，按律依法将其充军发配。当地百姓拍手称快！

《光绪栖霞县续志》共录有牟昌裕在监察御史任上时所撰《请禁指名请员书》、《请酌议叙新班疏》、《请禁匿名诘告疏》、《请酌增抽查漕粮章程疏》、《条陈时政疏》五篇奏疏，其数量之多，篇幅之大，少有人能及。由此即可见，牟昌裕忠君勤政，名不虚传。

　　牟昌裕奏疏中所议各事，大多切中时弊，关乎社稷，反映出牟昌裕敏锐的观察力。如在《条陈时政疏》中，他关心百姓疾苦，要求"请弛盛京闭籴之禁"，"以平粮价"，"以裕民食也"。在《请罢议叙新班疏》中，他认为"自古理财，一切权宜之计，其流弊皆不可胜言。求其经国远谋，未有不以节省为本计者。"他甚至向皇帝提出"若于常费之内，再加酌核如内，园林各工造办处制造器用之属，或再量为裁减"的建议，这在君主专制日益得到加强的那个时代里，的确是需要勇气和胆魄的。

　　嘉庆十一年（1806），牟昌裕改任云南道监察御史，十二年，奉命抽察通州运京漕米。漕粮运输事关清政府社稷安危与京师安定，但流弊日久，问题很多。早在乾隆五十二年，顺天府就曾拿获通州普济闸偷米抢赃案。牟昌裕经过四个月认真勘察后，在《请酌增抽查漕粮章程疏》中向清政府提出了五条具体的建议，对防止漕粮运输中的舞弊行为产生了一定的制约作用，牟昌裕也因此得到嘉庆皇帝的召见。

　　牟昌裕虽然位至监察御史，但一生保持着"勤俭"的风气不改。他曾"封事屡上，尝言例数开于国计，实无益，欲求足用，必从节俭始。"《山东通志》也曾记载，牟昌裕"在台言崇节俭"。

　　嘉庆十三年（1808）五月，牟昌裕在河南到监察御史任上病逝，年 62 岁。牟昌裕去世后，赐进士出身、工部主事陈鹤为之撰《松岩公墓志铭》，追述了与牟昌裕的交往以及为其撰写墓志铭的经过，然后对牟昌裕的仕途、政绩及经历作了详细的记述。对牟昌裕的一生，陈鹤的评价是："国有重任，赖人以肩，在庶僚中，惟君最贤。"

由于牟昌裕的杰出成就和崇高威望，嘉庆年间，栖霞举人郝彰运撰《举乡贤公状》，对牟昌裕歌功颂德、大力褒扬，力荐牟昌裕崇祀乡贤祠。据《光绪栖霞县续志》记载："（乡贤祠）祠祀荐绅处士品学足范乡里者。监察御史翰林院庶吉士牟昌裕。"

在牟昌裕去世十年后，乾隆庚戌翰林、吏部尚书蒋祥墀曾撰《松岩年谱序》，对牟昌裕的政绩作了详细记述，同时对牟昌裕的人品、官品均表达了敬佩之情。《山东通志·人物志》亦将牟昌裕录为"名臣'。

五、孝悌传家

　　"孝悌"是指对父母孝顺、对兄弟友爱。

　　在以血缘关系为纽带、以宗法家族为基本组织形式的中国古代社会中，"孝"作为儒家文化中最主要的行为规范和维系家国社会稳定的核心观念，历来受到统治阶级的提倡。对一个家庭或家族来说，"孝悌"既是为世人最为看重的基本家族道德准则和维护家族凝聚力最为重要的家庭伦理规范，同时也是乡间评议一个家族或者品评一个人物的主要标准。总之，要维系家族的发展，"孝"是极为强大的精神纽带，也是十分关键的具体手段。

　　牟氏家族非常重视用"孝"、"悌"的观念来教育家族子弟，逐渐形成了父慈子孝、兄弟友爱的和睦家风。

（一）牟国珒、牟作孚勖勉幼弟

牟氏家族从第八世开始，开枝散叶，人口剧增。为了处理好家族内部成员间的尊卑亲属关系，维持宗族内的和睦友善，牟氏家族子弟不但在家庭教育中十分重视孝悌传家，而且身体力行。在牟氏家谱中，关于孝悌之风的记载俯拾皆是，以孝行而闻名于乡里者不胜枚举。这说明，以"孝"为先的家风已经渗入各个家族成员的内心。

在牟氏家族早期发展历程中，在"孝悌"方面表现得尤为突出的是第十世"小八支"兄弟，特别是牟国珒、牟作孚等人。

第九世牟镗有八个儿子，牟国珒为"小八支"长兄。牟国珒 23 岁时，父母先后去世，牟国珒悲痛万分，"以平昔未尽孝友罪莫赎，不可以为人，于是深自刻励，以省其身。"

由于牟国珒父母去世较早，兄弟八人未及尽孝，因此在"孝行"方面的事迹尚不算多；而当时，诸弟年幼，尚未成人，其中六弟国琛 13 岁、七弟国瑾 12 岁、八弟牟国珑只有 8 岁，抚育幼弟的担子一下在全压到牟国珒肩上。牟国珒深知抚育幼弟责任重大，曾作诗以明心志："人有百行，孝为之首，亲其往矣，孝乃在友。幼弟无成，惟我之咎，先训如在，铭心诵口。"此后，他自主家政，令众弟集中精力"读书取仕"，而且处处为众弟师表。牟国珍原配李氏，尤以持家务、抚幼弟闻名。据《栖霞县志》记载，牟镗去世后，当时牟国珑只有 8 岁，李氏照顾国珑周全备至，"弟珑依依左右，寸刻不能离，亲之如慈母。"四十年后，有一次牟国珑想起幼年之事，仍然潸然泪下，老泪纵横。史书称李氏为"烈丈夫"。

1661 年，"小八支"兄弟受"于七抗清案"牵连，八人中除牟国璞因府试幸免外，其余七人全部遭清政府抓捕，并被押解至济南，投入监狱。牟氏兄弟深感大难临头，死期将至，纷纷陷于绝望之中。作为长兄的牟国珍此时起了重要作用，他一方面要求众兄弟忍辱负重，配合官府调查；另一方面，告诫众兄弟一定振作精神，切不可悲观失望。同时，为了缓解大家的抑郁情绪，牟国珍经常与众兄弟围坐一圈，或诵读儒家名句，或作诗吟答。在经历了两年的牢狱之灾后，牟氏兄弟因查无实据被释放。

牟国珍兄弟出狱后，牟国珍便以越王勾践"卧薪尝胆"的故事相激励，并带头吟诵孟子的诗句："天将降大任于斯人也，必先苦其心志，劳其筋骨，饿其体肤，空乏其身，行拂乱其所为，所以动心忍性，增益其所不能"。众兄弟听后，含泪与兄一起吟诵，心志日坚。三年后，牟国珍身先士卒，于康熙丙午年（1666）考中举人，康熙壬戌年（1682）又考中进士。

在"小八支"崛起的过程中，牟作孚、牟国琛也发挥了重要的作用。牟作孚是牟国玠二弟。他在督导诸弟、教育子女方面有独到之处，就连长兄牟国玠对此也十分佩服。牟镗去世时，牟作孚已 20 岁，他对诸弟怜爱有加，同时也深知家境的艰难和长兄抚育幼弟的不易，毅然与长兄共同担负起劬勉诸弟的重任。他曾与牟国玠"茕茕相对，慨然曰：'困至此极矣，非奋志读书，无能有起色。'"为了加强对诸弟的教导，他告诫并鞭策自己说："尔弟幼，惟尔辈是依。有能抑其骄，制其矜，教以义，帅以正，鼓舞以作其勤，挞记以戒其惰，是惕其心者也，戚也；……尔尚念兹其日，诵无忘。"又对诸位兄弟说："尔幼，惟尔诸兄是依，尔诸兄有抑尔骄、制尔矜、教尔义、帅尔正，鼓舞以作尔勤，挞记以惩尔惰，是戚尔也，尔其敬而从之；……尔尚念兹其日，诵无忘。"对此，户部侍郎吕履恒曾赞曰："词旨深厚蔼恻，有韦氏、颜徐氏之风焉。"

牟作孚的言传身教对诸弟、对其子牟恒都产生了巨大的影响，同时他在抚育幼弟方面的功德受到了世人的关注和赞誉，大学士陈庭敬曾赞曰："东海牟氏代有驯行，而麟仲公能以孝谨世其家，痛大父早逝，率先伯氏督课诸季，拟义方之训，不啻先人之耳，提之面命之，谆覆凄戚如读蓼莪之诗，未尝不为流涕也！"杜臻所撰《麟仲公先生赞》中称赞牟作孚"孝友之风，先著闾里。"吴琠在《麟仲公墓表》中则赞曰："栖人美牟氏家世者咸啧啧称'麟仲孝友不置云。'"

牟氏家族"小八支"众兄弟之间"兄友弟恭"、"兄爱弟悌"，不仅为后世子孙树立了良好的榜样，还在当时社会上产生了强烈的反响。当时的邑拔贡生李任曾说："吾郡孝友，推凤伯牟先生家为最。"吕履恒对牟氏家族的"孝悌"家风十分推崇，特作诗一首，其中说："吾闻汉石氏，家风称至淳。何如牟氏子，群季皆凤麟。事兄若严父，娣姒咸彬彬。厥惟家督贤，义方命有申。须为孝友传，特书告青旻。"曾任山东提学道佥事的劳之辨也曾说："（登郡）人文辐辏，牟氏一门尤称济济，不但才华竞爽，且知其父兄之教子弟之率，悉以人伦、孝友为根柢，故其簪缨发越，累世弥昌。"

（二）牟国琛"孝悌"传家，
其女"闺孝感神"

在第十世"小八支"中，牟国琛不但上敬兄长，下爱幼弟，是"孝悌"的典范，而且其所留《树德务滋家训》特别强调"孝悌"。在他的教育和影响下，他的儿子牟心仰的"孝悌"事迹远近闻名，其女儿的孝行更是"阐孝感神"。

牟国琛，字公宝，号又仁，是牟国珑六弟，上有五位兄长，下有两位幼弟。牟国琛十二三岁时，父母相继去世，全靠牟国珑等诸位兄长拉扯长大，因此对兄长有极其深厚的感情；牟国琛为人严正朴诚，在幼弟面前又岸然犹长者，"于兄弟子侄间友爱笃甚"。小弟国珑曾患重病，牟国琛亲调药饵，且抱持数月不眠。牟氏兄弟因"于七抗清"案遭牵连被逮济南下狱之时，正值隆冬，家人送去新棉衣以御寒，牟国琛总是上让长兄，下让小弟，自己则甘愿继续穿旧衣。由此可见牟国琛对众兄弟之感情，也可见其品格与情怀。牟国琛夫人孙氏亦深明大义，在牟氏兄弟遭难之际，忍痛将陪嫁的丫环变卖，以解燃眉之急。

济南冤狱结案后，牟国琛与长兄牟国珑一起，亲自教兄弟及其子侄读书。众子侄中，他见二哥牟作孚之子牟恒自幼聪颖，善撰文章，有异才，于是因材施教，格外严格用心教之，最终牟恒中举人、中进士，成为康熙后期著名监察御史，其中暗含着牟国琛的不少心血。此外，牟国琛对其余少孤之侄牟恬、牟憺等，视若亲生，或代理家务、或亲授诗书，邻人竟莫辨子侄。后来，牟国琛以孝友录入《邑乘·人物志》。

在日常生活中，牟氏家族历代家长都非常注重对子女进行"亲情"教育和伦理道德观念的教育，要求他们不仅要孝敬父母，还要尊重各位叔伯，兄弟姐妹之间也要互相关心、互相帮衬。牟国琛在教育子女方面特别注重兄弟姐妹之间的"血亲之爱"，他所留《树德务滋家训并叙》，总共21条，首重孝悌，其中前三条都是强调妥善处理好与父母、叔伯以及兄弟姐妹之间的亲情以及礼法，这是其家训内容的主要特点之一。这与牟国琛的人生经历也有着密切的关系。牟国琛自幼父母双亡，全靠长兄拉扯照顾，对长兄怀有深厚感情，牟国琛不仅自己尊敬兄长、"事之如父"，还要求自己的孩子也要效仿自己，恭敬各位大伯，因此在《树德务滋家训》第一条，牟国琛告诫子孙："孝于父母不待言矣，此外尊而且亲者，莫如诸父，宜小心翼翼事之如父，或举动稍乖，致诸父微显怒色，即跪而请教，怡气和颜，从容分解，不得强辩，即诸父实有不情，亦第以怨慕处之，慎勿退有后言，以启藐视尊长之渐。"同时，牟国琛还要求兄弟之间要"少长有序，相正以德，相洽以情"，兄弟姊妹之间要以"情谊为先，货贿次之，更须岁时存问，患难相扶，恻侧肫肫"。

牟国琛上敬兄长，下爱幼弟，在"孝悌"方面为子女树立了很好的榜样；他晚年所著《树德务滋》家训，对整个家族都产生了重要的影响。牟国琛次子牟心仰（1675—1732），幼年失父，对母亲十分孝顺，对兄弟姊妹则视为手足。兄嫂先后去世后，遗留下一个女孩，尚未成人，牟心仰视为亲生，含辛茹苦将其养大。出嫁时，牟心仰倾全家之财力，为之准备了丰厚的嫁妆。牟心仰的妹妹嫁到莱阳董家，育有一子，取名人鹤，天资聪颖，但由于家贫，上不起学。牟心仰尽力资助，特延请明师以教之，后人鹤经过刻苦攻读，成为名士。

牟国琛之女成人后嫁给栖霞县杨础镇庠生李永霖，对待公婆十分孝顺，事事小心伺候，可谓无微不至。公公去世后，与婆婆常年同吃同住，照顾周全。婆婆患眼疾十分严重，几近失明。她不顾路途遥远，四处访名医，求良药。经过她的精心侍候，婆婆的眼疾痊愈，恢复了视力，此事被时人称为奇迹。登莱青道曾因此旌表其孝行曰："阃孝感神。"

（三）牟墭与"一门三进士"

第十世"小八支"兄弟八人患难与共，"兄爱弟悌"，有着深厚的感情，为牟氏家族"孝悌"家风的形成开了个好头；在家庭教育中、在家训中，牟氏家族子弟又十分重视"孝悌",因此从第十世开始牟氏家族的"孝悌"之风已经十分浓郁。以后,牟氏家族成员恪守家训、家规,秉承"孝悌"家风,上孝敬父母,下兄弟友爱,出现了许多感人的事迹,亦有多人因其"孝悌"风范而为时人所称颂。第十一世牟憕就是一个典型的例子。

牟憕(1675—1737),字企圣,号念斋,"小八支"牟国球三子,栖霞城西门里人。康熙己亥(1719)年,牟憕选为岁贡生,雍正七年(1729)出任山东恩县训导。

牟憕性情耿直,不入时俗,然与骨肉兄弟相处格外真诚。长兄牟恬(1670—1740)有三个儿子,分别是牟曰笏、牟曰管、牟曰簝。由于人口众多,日子过得十分拮据。牟憕家境亦不富足,但他不计个人得失,节衣缩食,竭尽全力以周济之。当时,牟恬家居燕子夼村,与牟憕家相距有五里多路。每次牟憕家中有好吃的,他都是专门留出一份,然后送到五里外牟恬的家中,与兄共尝,从不独自享受。

牟恬由于家中贫困,有时连孩子的学费也交不起。牟憕对三位子侄抱有很高的期望,时时资助学费,供他们攻读。有时,孩子贪玩,学业不长进,牟憕一面晓之以理,倍加鼓励;一面含泪惩戒之,用心教之。孩子往往深受感动,专心攻读。

就这样,在整个家族齐心协力、互相帮扶的共同努力下,牟恬三个儿子在"读书取仕"的道路上分别取得令人瞩目的成就。牟曰笏于雍正元年（1723）中举，次年（雍正甲辰年）联捷进士。后任河南光山县知县；牟曰管字宜竹，号子才，于雍正元年（1723）与胞兄曰笏同科中举，为牟氏家族锦上添花，后时运不济，屡举进士而不第，乾隆年间出任邹平县教谕而终其身生；牟曰笴乾隆十二年（1747）中举，翌年联捷进士。初任陕西泾阳知县，左迁山东济南府教授、德州府学正。

牟恬一家三子，两中进士，一中举人，被传为美谈，时人誉为"一门三进士"。后牟恬亦被敕赠文林郎。牟恬"一门三进士"，标志着牟氏家族"读书取仕"之路巅峰时刻的到来！对牟氏家族的成就，当时的人都说："慞之心血而成。"《乾隆栖霞县志》也称赞牟慞说："牟氏近时之盛，实慞成之。"

在"小八支"的直接影响下，牟氏家族十一世中出现的"孝悌"事迹还有很多。如牟荣，牟国斡之子，7岁入塾，每当塾师讲到"孝悌"的典故和故事，欣然乐听。当时家境贫寒，父牟国斡在外地学馆任塾师，离家有百里之遥。一天，牟国斡染病在身，牟荣得知后，急忙赶过去探视。由于路途遥远，再加上走得太急，双足几成残废。见父后，牟荣依偎在父亲膝下，恋恋不舍。《栖霞县志》称曰："盖终身孺慕者"。再如牟愔，号德斋，家境初贫，后通过经商，家业改善，增置土地一千多亩。牟愔之弟牟柏，体弱多病，不能参加重体力劳动，牟惰奉母育弟，关怀备至，终生与之在一起生活，凡衣食之需，子侄均等。

牟氏家族十一世中，不仅男性成员里出现了多位孝子，在女性或者妻室中也有多人的事迹颇为感人，除"闺孝感神"的牟国琛之女外，还有以下几位：如牟恬之妻史氏，侍奉公婆极为孝顺。婆婆晚年胁下疼痛，经常寝食不安，史氏多日衣不解带，以侍左右。后三子中两中进士、一中举人，人们都说：这是史氏"孝德之善报"。再如牟性之妻王氏，在丈夫去世时，年方25岁。她含辛茹苦，一边孝敬公婆，一边抚养幼子曰聘。曰聘长大后，刻苦攻读，成为贡生。但不幸的是，好日子没过几年，子曰聘亦患病去世，留下延绪、令绪两位孙子。王氏与儿媳史氏相依为命，齐心协力抚育。婆媳二人在经过了十几年的艰苦煎熬后，两位孙子分别成为太学生和恩贡生。

（四）牟之仪"事叔如父"，牟绥"扮嬉侍母"

自第十世"小八支"以后，随着牟氏家族"科举取仕"的成功、在当地名望的提高以及牟氏家族家庭教育的深化，牟氏家族的"孝悌"之风绵延流传，出现了许多"孝敬父母"、"兄爱弟悌"的典型人物和事例，他们的事迹在当地广为流传，备受百姓赞誉，而牟氏家族也赫然成为当地"孝悌"之楷模与榜样。其中，牟之仪与牟绥父子，堪称牟氏家族第十二、十三世"孝悌"的杰出代表。

第十二世牟之仪（1706—1750）是牟国珑之嫡孙、牟恢之独子。牟之仪的父亲牟恢勤俭持家，一生俭朴，可惜天不与寿，去世时年仅43岁，而此时牟之仪只有16岁。在牟恢去世后的十几年时间里，牟之仪一直与叔父牟悌一起居住在栖霞悦心亭。叔父牟悌待之如亲生骨肉，而牟之仪平生居简守拙，孝友是从，事叔如父。

雍正十三年（1735），牟之仪已至"而立之年"，承叔父之命，与叔父分家。在分家之前，牟悌在古镇都村东购地一处，并开始建造古楼一栋，作为牟之仪的居所。乾隆七年（1742），牟之仪由悦心亭偕妻林氏及两双儿女徙古镇都村即现在庄园所在地。牟之仪为人忠厚、处事谦和，对其子牟绥产生了深刻的影响。

第十三世牟绥，牟之仪仲子（1728—1791），字克猷，一生以孝敬、德行、文章卓然异闻。牟之仪去世时，牟绥只有二十出头。牟绥十分孝顺，对祖母郝氏、母亲林氏，备极谨慎，尽可能满足两位老人的生活所求。两位老人对牟绥自然也是格外怜爱。1771年牟绥前往济南参加乡试，恰逢祖母郝氏不幸病重。为了不使牟绥分心，老人决意不告诉他。老人自知时日不多，内心对牟绥更为牵挂，仰天叹息说："人寿长短，自是命耳，但愿少延旦夕，待吾孙归，足矣。"

牟绥母亲林氏身体虚弱，牟绥与妻子姜氏昼夜陪伴在侧。为博母亲欢笑，牟绥经常装扮成小儿作嬉，而此时的牟绥已年过半百，发须均已斑白。经过牟绥夫妻近半年的精心侍候，林氏的病情终于慢慢好转。牟绥曾私下对妻子说："我们二人侍母疾，心血俱枯，元气耗尽，当少活十年。"几年后，母亲林氏病情加重，不久离世。适逢牟绥赴京赶考，未能亲自在旁边服侍，使牟绥留下终身遗憾。此后，每提及此事，牟绥总是呜咽流涕，愧疚难当。因此，每当家人、亲戚等聚在一起，大家都私下相互告诫、提醒，往后切不可在牟绥面前提起他的母亲。

除牟之仪、牟绥父子之外，牟氏家族第十二、十三世子弟中以"孝悌"闻名的还有多人，如牟曰第，号震崖，牟勋之继子。牟曰第过继给牟勋后，牟勋又生了一个儿子，取名曰笸。不幸的是，曰笸未满周岁，牟勋即因病去世。牟曰第义无反顾，毅然担负起家庭重担，潜心抚养小弟。两人虽然辈分相同，但实际上犹如父子。后在牟曰第的操持下，牟曰笆长大成人，娶妻生子，而牟曰第亦子孙满堂。一大家子人生活在一起，其乐融融，和睦无争。

牟曰旦（1700—1740），字希周，一生对父母极孝，孤侄牟遗传年幼丧父，家境艰难，牟曰旦将牟遗传接至家中抚养，待之如亲生。后来，牟曰旦在四十岁时英年早逝，遗留下一对孤儿。牟遗传竭尽全力抚育两位堂弟，待其稍稍长大又延师督学，供其读书。

牟曰箴（1686—1754），字自西，4岁失母，8岁丧父，幼年全靠继母夏氏与叔父牟协教养。在随继母生活五十多年间，问视无缺，深受称赞。先为府学廪生，后于乾隆元年（1736）考中岁贡，出任广东省海丰县训导。

牟曰箸（1696—1771），字前借，牟位箸（1703—1779），字敬其，两人为同胞兄弟。牟曰箸10岁时，弟位箸3岁，父母俱丧，两人在婶母王氏的照顾下就学于观耕馆。后婶母有病，兄弟二人相偕侍护，为防惊扰，常脱鞋近前。同时，牟曰箸对小弟十分关爱，照顾周详，以至牟位箸在晚年仍对白首兄弟思念不止。以上几位都是牟氏家族第十二世子弟。

牟品山是牟氏家族第十三世子弟，本名嵒，牟曰第独子，赋性纯厚，不与人争。年少时，牟品山与两堂弟生活在一起，长大成人后兄弟分家，家产分为两份，每家各占其一。牟品山说："吾取其半，而两堂弟合取其半，吾不忍也。"遂将家产平分为三份，兄弟三人各得其一，亲友无不称赞。

（五）牟奇玡义不离亲，牟春曦"替父受死"

从清朝初年一直到清朝末年以至民国时期，牟氏家族已历七八世，其"孝悌"之风流传不坠，甚至有的家庭接连几代出现"孝子"。其中，牟奇玡"义不离亲"、牟春曦"替父受死"的故事在当地广为流传，影响极大。

牟奇玡（1784—1852），号玉舟，是牟氏家族第十四世子孙。牟奇玡出生仅8个月，其父即因病去世。母亲林氏含辛茹苦，将其抚育成人。牟奇玡自幼十分懂事，看到母亲日夜操劳，甚为感动，经常辛酸流泪。牟奇玡稍稍长大后，因成绩优异，补博士弟子员，并准备参加秋末乡试。不巧的是，母亲林氏忽患重病，卧床不起。牟奇玡四处求医问药，小心伺候，然母亲的病情迟迟不见好转。由于不放心母亲的病情，牟奇玡"义不离亲"，最终决定放弃参加秋末乡试。在牟奇玡的精心照料下，母亲的身体终于慢慢康复。此后，牟奇玡对母亲的照料更是无微不至。母亲每次出门，他总是贴近相扶，并为母亲系好风巾。母亲后来安享晚年，享寿

80 岁，牟奇珌周全侍奉，从未稍怠，整个家族对牟奇珌的孝行交口称赞。有一次，牟奇珌遇到一位盲人，背着他的父亲沿街行乞。牟奇珌为他的孝行所感动，于是便收养了这对父子。几年后，盲人的父亲云世，牟奇珌出资买棺，让他入土为安。

第十六世牟春曦（1810—1887）"替父受死"的事迹也甚为感人。同治六年，捻军进攻到栖霞县境内，清政府调集军队，对捻军进行围攻。当地百姓为了躲避战火，纷纷四处逃亡。牟春曦带着父亲决定逃到附近山上暂避一时。当时，牟春曦已经六十有余，而父亲已经八十多岁，行至半路，父子两人已经筋疲力尽。父亲对牟春曦说："我实在走不动了，在这里歇一歇，你先走一步，把粮食送上山吧。"正在这时，一队捻军恰好从此处经过，其中一个人骑着马，手持大刀恶狠狠地向父子二人冲来。情急之下，牟春曦张开双手把父亲挡在身后，大声喊道："你杀了我吧，求求你别杀我父亲！"来人被牟春曦的举动惊呆了，赶紧把马勒住。他把牟春曦自上到下打量了一番，然后说："孝子也，杀之不祥！"最终放过了牟春曦父子。父子两人化险为夷，牟春曦"替父受死"的故事也逐渐传播开来。

除牟春曦以外，牟氏家族第十六世中牟仲山、牟翔銮也极为"孝悌"。牟仲山，8 岁丧父，母又多病，为尽孝心，边经商，边侍母，对兄长亦如此，只要家中有好吃的，牟仲山总是首先要侍奉给母亲，同时还要给哥哥留一份。在生活中，如果兄长有需要他帮忙之处，牟仲山总是竭尽全力。时人评价牟仲山的"孝悌"事迹说："对父母尽孝常有其人，如仲山之悌，则少见也。"

由于叔叔没有后代，牟翔銮的胞弟牟祥发被过继给叔叔为子。几年后，由于连遭灾荒，牟祥发家境残破，荡产洗贫。尽管牟翔銮生活也不富裕，但他宁愿自己节衣缩食，也要尽力周济之。后来，牟祥发的妻子去世，留下嗷嗷待哺的一个女儿。牟翔銮见胞弟无力抚养，于是将她抱回家，与妻子一起抚育，情逾亲生。

十七世中，"孝悌"的典范为牟燮和牟赓，其中牟燮为牟仲山子，牟赓为牟翔銮子，由此可见"孝悌"之风在牟氏家族中的流行。牟燮深受其父影响，善事兄长，兄有急需，常以妻林氏所带嫁资私下赠与，从不言所自来也。牟赓，有父遗风。叔家境贫寒，生活极为艰难；堂兄英年早逝，留下嫂子孤寡一人，令人可怜。牟赓把数亩良田让给叔叔耕种，而所有田赋由自己缴纳，以资养老。叔叔去世后，牟赓又把良田让给嫂子耕种，直到嫂子去世后，才将田地收回。

此外，第十七世中"孝悌"的事迹还有以下几位，如牟涵星，为人极孝善，孝继父如亲父，视侄子牟云舫如亲生。

牟云舫天资聪颖，爱好读书，但由于家贫，无力完成学业。牟涵星鼎力资助，后牟云舫经过努力，考上廪生。牟芹秀，下面有胞弟四人，后五弟牟葵秀过继给叔叔为嗣子。诸弟长大后，牟芹秀与诸弟分家另立，他对各位弟弟说："五弟虽然过继出去，但他毕竟是我同胞手足。父母的遗产如果不分给他，父母会心有不安，我们也不能心安理得！"后经过与诸弟协商，把八亩好田分给了牟葵秀。即便是在百余年后，牟葵秀的子孙依旧指其田相互告诫说："此乃让地，永不能卖，留此作当年孝友纪念。"

由上可见，牟氏家族成员在"孝"、"悌"的遵行上明显体现出一定的传承关系。"孝悌"之风不坠，维持了宗族内的和睦友善和团结，使得家族的内在联系和凝聚力不断加强；家庭成员之间忠信孝友，即使是在最艰苦的条件下，抑或在患难之时，仍能施以援手，互相帮助，这是家族历经数百年，多逢事变，依然不断发展、壮大的重要原因所在。"以孝悌传家"可谓牟氏家族承家传业的首要之意。

六、牟宗三与牟氏家风

在当代，牟氏家族出了一位赫赫有名、堪为学人典范的大人物，他就是儒学大师、新儒学泰斗——牟宗三。

牟宗三是中国现代著名哲学家、哲学史家，现代新儒家的重要代表人物之一，其哲学成就代表了中国传统哲学在现代发展的新水平，因此被誉为"当代新儒家他那一代中最富原创性与影响力的哲学家"。

牟宗三是牟氏家族第十六世子弟，他一生秉承家族"刻苦攻读"的良好家风，潜心治学，所留著述、译著颇多，共计三十余部。他学贯中西，会通中外，治学严谨，毕生致力于复兴民族文化的宏伟事业。但是，牟宗三一生经历坎坷，前半生身处乱世，生活颠沛流离、四处碰壁；新中国建立后，他孑然一身，漂流海外，直到暮年亦未能再回到祖国大陆。

（一）牟宗三的家世与经历

牟宗三，字离中，1909 年出生于山东栖霞县牟家疃（今栖霞市蛇窝泊镇牟家疃村）。

牟氏家族由始祖牟敬祖到牟宗三，已经开枝散叶，繁衍了十六代子孙。牟宗三家这一脉，出自第八世"老八支"中的第四支牟道远。此支世代以耕读为业，但到牟宗三祖父时已家道衰微。祖父去世时，薄田不过七八亩，另外还留下一个骡马店，由牟宗三的父亲牟荫清继续经营着，后改营纺织业，以维持生计。

由于伯父不理家业，而叔父年幼，体弱多病，因此牟荫清 18 岁即辍学，承担起家庭的重担。经过多年艰难劳作，牟荫清的家境终于有所好转。牟荫清为人刚毅守正，在家乡有较好的声誉。

牟宗三年幼时，经常帮着家里干些农活。父亲常背后夸奖其泼皮，以为他能弯下腰，水里土里都能去，是一把好庄家手。牟宗三虽然个子不高，但身体很壮健，就是当时干农活锻炼出来。牟宗三后来曾经回忆说："我是一个农家子弟，又生长于一个多兄弟姐妹的家庭，而又天天忙于生活的家

牟宗三

庭，只有质而无文的家庭。"

牟宗三共弟兄三人，长兄为牟宗和，次兄为牟宗德，他在家排行老三。依牟家"耕读并举"的传统、惯例，一般是老大管家，老二经商，老三就得读书。经过父亲的苦心经营，家业渐趋佳境，因此父亲就让牟宗三从学。牟宗三自己当时根本没有"万般皆下品，惟有读书高"的意识，对于读书并不是衷心的喜悦。

牟宗三9岁时入乡村私塾，后转入蛇窝泊小学。15岁时进入栖霞县立中学。县立中学位于县城，离家乡三十余里。牟宗三自此告别了与父母兄弟姊妹相处的家庭生活。中学时，牟宗三很用功，但功课都很平常，英文、数学稍好一些，对语文，尤其是作文感到吃力。在学时，别人都能看小说，他却觉得难。比较高级一点的小说如《红楼梦》、《水浒传》之类的，只是到了大学预科才看得懂。

1927年，19岁的牟宗三考入北京大学预科攻读哲学。预科二年级时，他在图书馆看《朱子语录》，觉得很有意味，但开始又不知其说些什么，还是坚持天天去看，直到一个月后忽然开朗了。1929年，牟宗三正式升入北京大学哲学系。他是牟家疃村的第一个大学生。每当他回到乡里，赢得的总是羡慕的眼光和赞美之词。

大学期间，牟宗三比较喜欢学的是罗素的哲学、数理逻辑、新实在论等西方哲学。那时在这所学术风气开放自由的北大校园里，几乎汇集了中国所有的哲学名流，如张申府、金岳霖、张东荪等著名学者对他学习西方哲学都有很大影响。同时，牟宗三也刻苦钻研中国哲学尤其是易学。他在课外对《易经》进行研读，从《周易集解纂疏》一字一句读起，一直到清代的易学。大学三年级时，牟宗三就完成了数十万言的《从周易方面研究中国之玄学及道德哲学》一书。

随后，牟宗三在 1932 年、他 23 岁时从游熊十力门下，到 1949 年、他 41 岁时的近二十年间，他一直追随熊十力攻读，深受熊十力的熏染与陶冶。熊十力十分看好这个学生，视其为自北大有哲学系以来唯一可造之人。熊十力不但对牟宗三的一生为学及思想产生了巨大的影响，而且后来牟宗三最终由西学转到中学并重建道德理想主义，也与熊十力对他的教诲密不可分。

1933 年，牟宗三经过四年苦读后从北京大学顺利毕业，但由于他在北大求学期间与胡适先生的一次误会，使他从一开始就失去了留在北大哲学系任教的机会。从北京大学毕业后，牟宗三在鲁西南的寿张师范做过一段时间的教师。当年秋天，他来到天津的社会科学研究所，后经张东荪的介绍，加入国家社会党。

1935 年秋天，他返回栖霞小住，不久又去了广州，在

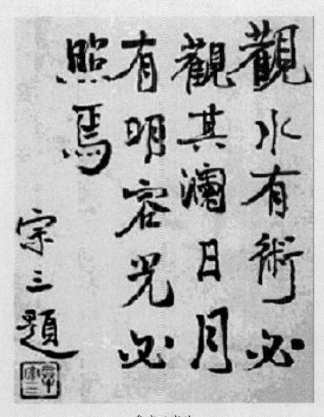

観水有術必
観其瀾日月
有明容光必
照焉

宗三題

牟宗三书法

私立学海书院任教。因学海书院不久解散，他经熊十力的介绍又前往山东邹平乡村建设研究院拜见梁漱溟。熊十力在信中请梁漱溟出资让牟宗三继续读书，但梁漱溟提出的三个条件，让牟宗三感到难以接受，最终不辞而别。1937 年，牟宗三任国家社会党机关刊物《再生》杂志主编。此间他结识了张之洞的曾孙张遵骝。

七七事变后，牟宗三自北平过天津，走南京，再至长沙，后又经衡山往桂林，1938 年任教于梧州中学、南宁中学。后又由广西入云南昆明，此后，"昆明一年，重庆一年，大理二年，北碚一年"，进入了他一生最艰苦、最困厄的时期，但这段独特的生活经历对其思想的发展却很重要。在昆明期间，他专心从事《逻辑典范》的写作，然而生活困顿，生活费用全由张遵骝提供。这段患难之交，几十年之后，牟在自述中说："当时之惨淡真难以形容。我事后每一想及或叙及，辄不觉泣下。"

1940 年，张君劢在云南大理创办民族文化书院，牟宗三前往读书。不久之后书院因政治原因停办，牟宗三又投奔于熊十力所在的重庆北碚勉仁书院。

1942 年秋，牟宗三由唐君毅先生推荐奔赴成都华西大学任讲师，从此踏上了独立讲学之途，同时在华西大学简陋的小屋里牟宗三开始构思撰述《认识心之批判》。1945 年

8 月，抗日战争结束，他自成都来到位于重庆的中央大学哲学系任教。他讲西洋近代哲学史，内容别致，不从笛卡尔说起，反而从耶稣讲起，使学生更能了解其来龙去脉。1946年，牟宗三与友人姚汉源一起创办《历史与文化》杂志，希望以此"昭苏士心，唤起国魂"，最终因经费拮据，只办了三期就停刊了。这年秋天，牟宗三任中央大学哲学系主任，后因与方东美发生冲突而应聘去了金陵大学、江南大学辗转授课。

1948 年，牟宗三应熊十力弟子程兆熊的请求写了《重振鹅湖书院缘起》一文，在这篇文中他第一次提出了儒学第三期发展的命题，认为自孔孟荀以至董仲舒为儒学发展第一期，宋明儒学为第二期，现在则转入第三期。在第三期中他提出了"三统并建"说，即"道统之肯定，此即肯定道德宗教之价值，护住孔孟所开辟之人生宇宙之本源。""学统之开出，此即转出'知性主体'以融纳希腊传统，开出学术之独立性。""政统之继续，此即由认识政体之发展而肯定民主政治为必然。"

1949 年，南京国民政府的统治岌岌可危，面临全面崩溃。牟宗三一向不赞成共产主义，遂于夏秋之际只身渡海前往台湾，自此开始了他往返港台之间著书立说、传业授徒的生涯，再也没有回到大陆。

1950 年，牟宗三受聘于台湾师范大学国文系，分别给三个年级传授理则学、诸子课、中国哲学史。课堂上他从容不迫、娓娓而谈、环环相扣、善于激发，没有多久便名闻全校。任教不久，他与其他教授联合几位学生，共同发起了"人文讲习会"，后又发展为"人文学社"。此后不久，他又组织了"人文友会"，由牟宗三主讲中西哲学，主题为中国如何现代化，以培养、造就青年为目的。但牟宗三性格狂傲，难与世人相谐，再加上他的新儒学理想并不为所有人赞赏，因此受到别人的排挤也是常有的事。

1956 年 8 月，东海大学成立，在好友徐复观推介下，牟宗三受到东大的盛意聘请，由台北转到了台中东海大学执教。在此间 1958 年元旦，牟宗三、徐复观、张君劢、唐君毅联署发表了《为中国文化敬告世界人士宣言》，阐述了当代新儒家对中国文化的过去、现状和未来的基本看法，表明了当代新儒家真正的形成。可好景不长，东海大学是教会学校，学生入校先要受洗礼的，而牟宗三所教授的新儒学思想与基督教文化有很大差异；后来校董事会声称学生受洗的人少，是因为牟宗三、徐复观讲中国文化的关系。牟宗三见校方如此态度，不待校方"逐客"，遂于 1960 年 10 月离台赴港，执教于香港大学。

牟宗三在香港大学主讲中国哲学的同时，也为新亚书院兼课，主讲孟子等课目，对新亚的学生很有吸引力。1969年，牟宗三接任新亚书院哲学系主任。1974 年 7 月，牟宗三先生由香港中文大学退休。退休后，他仍然十分繁忙，时常往来于港台之间，在各地讲学。

牟宗三在八十大寿时曾说："从大学读书以来，六十年中只做一件事，是即'反省中华民族之文化生命，以重开中国哲学之途径'。盖学术生命之畅通，象征文化生命之顺适；文化生命之顺适，象征民族生命之健旺；民族生命之健旺，象征民族磨难之化解。无施不报，无往不复，文化慧命与哲学义理之疏通开发，既已开启善端，则来日中华文化之光大发皇，正乃理所当然势所必至之事，可预卜矣。"1995 年 4 月 12 日，牟宗三在台北与世长辞，享年 87 岁。

（二）牟宗三晚年的生活

牟宗三虽然出生在栖霞牟家疃，但一生在故乡生活的时间十分有限。在 1957 年完成的《五十自述》中，牟宗三对家乡有着许多美好而细致的回忆，写下了许多儿时有关家乡春、夏、秋、冬四时景象与童趣的难以忘怀的印记。可见，他对故乡和乡居的自然风光颇有留恋，但对家庭生活、情感生活却心存遗憾。

牟宗三在晚年的自述中提到，自己常跟朋友说起，由于出生在苦寒的大家庭，兄弟姊妹多，父母为生活劳苦终日，无暇照顾子女，亦无暇给子女以情感上的培育，多在自然状态中拖过，其情感生活是受伤的，没有感受到家庭温暖。在情感上，牟宗三是孤独的，这同时也造成牟宗三性格的狂傲、孤僻。

性格的倔强、狂傲和孤僻，使他在求学和工作中屡屡遭受挫折，但江山易改，本性难移，中年、晚年的牟宗三依然特立独行、我行我素。1949年，牟宗三只身渡海前往台湾。当时有人曾劝阻他，牟宗三说，地球是圆的，怎么会回不来。未承想，自那以后，牟宗三再也没能回到大陆，故乡栖霞更是只能从记忆中追寻了！

牟宗三的原配夫人为王秀英，生于1906年，原籍莱阳西河头乡南王家庄村。1929年，牟宗三与王秀英结婚，先后育两子。1934年，长子牟伯璇出生；1937年，次子牟伯琏出生。1937年，因母亲杜氏去世，牟宗三回家乡奔丧，此后再也没有回过栖霞。1947年，牟宗三在中央大学任教，曾托同乡好友回栖霞把母子三人接到南京，但时逢家乡正在进行土改复查，家人害怕因此受到牵累，便暂时没有同意。牟宗三1949年去台湾后，一直到去世，未再能与王秀

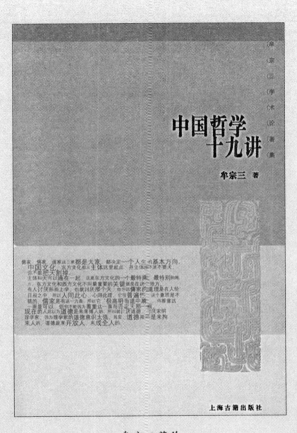

牟宗三学术论著集

中国哲学
十九讲

牟宗三 著

上海古籍出版社

牟宗三著作

英见面。

新中国成立后，大陆、台湾关系紧张，局势严峻，两地联系基本隔绝。牟宗三时时牵挂妻儿，思念故乡，却只能望洋兴叹；1958 年，牟宗三在台湾与赵惠元女士结婚。随着两岸对立的加剧，以及国内阶级斗争的不断扩大化，身在台湾的牟宗三也逐渐淡出了栖霞家人的记忆。

岁月流转，斗转星移。转眼 25 年过去了。1974 年，牟宗三的二儿子牟伯琏在村委订阅的一份《参考消息》上，偶然看到一则消息，大意是香港大学一个名为"牟润荪"的教授到内地访问。这让他想起，此前牟宗三的一个学生，曾辗转留话告诉牟家人，说牟宗三已经去了香港的事。

当时，内地和香港之间刚刚解禁通邮才一两个月。牟伯琏抱着试试看的态度，给香港大学的牟润荪去了一封信。据牟宗三的孙子牟红成回忆说："我叔叔写了一封信，内容好像只有一句话：牟宗三是否改名牟润荪？"其实，牟润荪和牟宗三是两个人，但凑巧的是，他们都来自烟台，同在香港大学教书。牟润荪收到牟伯琏的来信后，很快将信交给牟宗三。

在那个年代，文化大革命还没有结束，与香港等地来往的信件需要层层审批，颇费周章。历经一番波折，身在栖霞的牟家人终于等来了香港的回信。拆开来信后，牟红成一个字一个字地把这封信的内容念了出来："牟润荪是另一个人，牟宗三永远不改名，还健在。"失散多年的亲人终于有了音信，这使得牟家人欣喜不已。

自此以后，牟宗三与家中书信往来十分频繁，差不多一个月往家里写一封信。牟伯璠、牟伯琏虽然文化程度不高，但也尽量及时回信，并将家人的照片寄给牟宗三。牟宗三写给家里的信，内容多涉及一些牟家琐事，其中还多次督促子弟"好好学习"。只可惜，由于当时复杂的国际形势以及内陆与香港两地往来的种种限制，牟宗三与家人只能通过书信表达相思之情，只能通过照片缓解思念之苦。

转眼间，十年过去了！在这十年中，中国发生了翻天覆地的变化。1976年文化大革命结束，1978年中共十一届三中全会召开，确立了"对内改革"、"对外开放"的战略决策。1980年，中共中央和国务院决定在广东的深圳、珠海、汕头和福建的厦门试办经济特区，作为对外开放的窗口。此后，中国大陆和香港的往来日益频繁，中国面对的国际环境逐渐走向缓和，在这样的背景下，牟宗三与家人团聚的时机和条件日益成熟。

1983年年底，通过书信来往，牟宗三与家人多次协商，最后商定，安排两个人由栖霞前往香港，与牟宗三见面。牟宗三从香港寄来一笔钱，作为路费和路上的生活费用。

1984 年 1 月，牟宗三的次子牟伯琏和孙子牟红成从栖霞出发，由位于海阳县的徐家店火车站（今海阳站）坐火车前往北京，然后由北京辗转来到深圳，再通过深圳口岸来到香港。据牟红成回忆，第一次来到大城市，东南西北都分不清，自己说的是家乡话，别人听不懂；别人说的南方话，自己也听不懂。好在临走前已经考虑到这些情况，随身带了纸和半截铅笔，最后通过写在纸上与别人交流，才总算找到口岸的出口。

第一次见到牟宗三的情景，牟红成至今记得一清二楚。牟宗三穿了一件长衫，挂着一根拐棍。见到牟伯琏、牟红成从出口出来后，牟宗三抬起拐棍，指着两个人："你，伯琏！你，红成！"因为在此前，家人的照片已经随信件寄给了牟宗三，想必他对着照片，早已经一个个记得扎扎实实的了吧！

见到"失散"已久、"据说在外面名气已经很大的爷爷"，当时尚未成年的牟红成一时有些不知所措。当时是冬天，牟红成头上戴着一顶解放军的黄军帽。在那个年代，这种装束在大陆是最为流行的。但令他没想到的是，他刚走近了牟宗三一点，牟宗三向前跨了一步，一把抓下牟红成的帽子，然后立刻塞到口袋里，有些气呼呼地说："戴着个这个干什么！"后来牟红成才知道，在当时，香港人对中国大陆的这种装扮是极为反感的。

牟宗三的家在一座小楼的四层，房子是租来的。虽然牟宗三经常来往于台湾和香港两地之间讲学，但一直没有自己的房子。在香港，很多人都是租房住的。家里面的摆设很简陋，家具和家电都是随带房子一块租的，主要的家用电器有两个，一是一台日立牌的黑白电视机，14英寸的，再就是一台录音机。还有一台很久的洗衣机，是他一位家庭比较殷实的学生送给他的。

据牟红成回忆，牟宗三除了周四和周六、周日不上班，其他的时间都很有规律。一般情况下，牟宗三早上4至5点起床，6点半吃饭，然后就是看书、写稿子，到10点半左右，再吃点饼干、点心。然后再看书、写稿子。吃过午饭后，牟宗三要午休，然后睡到下午3点起床。从下午4点开始，要去研究院给学生上课，一直到晚上八九点钟才回来。回来后，先休息一会儿，然后继续看书、写稿子。

牟宗三外出时，一般穿西装，但一回到家中，穿着极为简单、朴素。在家时，裤子连腰带也不扎，而是像农村人一样，把裤子前面扎腰带的地方往外一翻，或者用领带当做腰带往腰间一系完事。

牟宗三的业余爱好就是下围棋。有时会有学生过来陪他一块下。据他的学生讲，牟宗三讲起课来很生动、很有感染六月二十六日愈白，李生足下：生之書辭甚高，而其問何下而恭也。能如是，誰不欲告生以其道？道德之歸也有日矣，況其外之文乎？抑愈所謂望孔子之門牆而不入於其宮者，焉足以知是且非邪？雖然，不可不為生言之。

生所謂立言者，是也；生所為者與所期者，甚似而幾矣。抑不知生之志：蘄勝於人而取於人邪？將蘄至於古之立言者邪？蘄勝於人而取於人，則固勝於人而可取於人矣！將蘄至於古之立言者，則無望其速成，無誘於勢利，養其根而俟其實，加其膏而希其光。根之茂者其實遂，膏之沃者其光曄。仁義之人，其言藹如也。

抑又有難者。愈之所為，不自知其至猶未也。雖然，學之二十餘年矣。始者非三代兩漢之書不敢觀，非聖人之志不敢存，處若忘，行若遺，儼乎其若思，茫乎其若迷。

當其取於心而注於手也，惟陳言之務去，戛戛乎其難哉！其觀於人，不知其非笑之為非笑也。如是者亦有年，猶不改。然後識古書之正偽，與雖正而不至焉者，昭昭然白黑分矣，而務去之，乃徐有得也。

戊申冬十月既望，桂堂年所書 許三衔李中

牟所书法

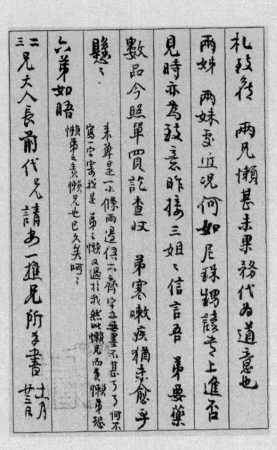

札致後 兩兄懶甚未果務代為道意也

兩妹 兩妹近況何如尼珠穉喜々上進否

見時亦為致意昨搆三姐々信言吾弟要藥

數品今照單買託查奴 弟寒嗽疾猶未愈乎

懸々

六笔如晤　懶弟三責懶兄也已久矣呵々

　　　　　　　　　　　　　　寫一空寄我是弟之懶又過於我然此懶亦責懶兄恐
　　　　　　　　　　　　　　未免是一保兩過俱不齊字亦墨不甚匀匀何不

二兄夫人長爾代弟請安一雁兄所寄書　十月廿三日

牟所书法

力，而且很能讲，有时一讲就是两三个小时。但他不会讲普通话，粤语也讲不好，因此学生听起来会比较吃力。

牟宗三的吃饭很清淡，有很多次都是清水煮面条，同时把白萝卜、大葱等切成条块，与面条一起煮，然后稍微放点盐，这样吃，就算是正餐。有一次，牟红成从外面买回了些香菜，亲自做。牟宗三吃了后，夸奖了牟红成好几次，说他炒的菜很好吃。

每当有空闲的时候，牟宗三和孙子牟红成经常面对面坐在一起，促膝交谈。牟宗三回忆起家里的人，问起村子里的事，牟红成把自己知道的情况，一一跟他作了介绍。

牟伯琏和牟红成转眼在香港住了半月，有一天晚饭后，牟宗三把牟红成叫到书房里，跟他说："你们已经住了半个月了，我这里的情况反正就是这样，你们也看到了，也放心了。总之，没别的事，你们还是回老家吧！"牟红成听后很不情愿，说："你离家这么多年，我们好不容易跟你联系上，难道住了半个月就让我们走？"就这样，牟红成又在香港待了近一个月。

牟红成总共在香港待了五十多天，后来觉得就这样待下去确实也不是办法，于是决定返回老家。临走时，牟宗三让牟红成带回来一点钱，并不多，而且分成好几份。牟宗三嘱咐了好几遍，这个给谁，那个给谁，其中一份是留给妻子王秀英的。

在离开香港的前一天晚上，牟红成鼓起勇气，问了牟宗三一个憋在心里好多天的问题："爷爷，如果我们不来找你，你会不会找家里？"牟宗三从椅子上站起身，提了提腰带，转过身，笑了一笑："我还以为你们早死了呢！"对牟宗三的这一回答，牟红成的心里曾经疙疙瘩瘩了很多年。

其实，当时牟红成尚未成年，这个问题本来就问得很幼稚；而牟宗三的回答表面上看很冷酷，但实际上说的都是实话。当时，牟氏家族是威震胶东的大地主，是新民主主义革命的对象，是土地改革的直接目标。牟氏家族很多人都能活下来，已经可以算得上奇迹了！远在他乡的牟宗三如何能想得到呢？当年，四处漂泊的牟宗三肯定以为家里的人已经全部被"革了命"，惨遭不幸。在这句回答的背后，可以想象当时牟宗三时刻为家人担心，却又无能为力的辛酸心情！而他的这一笑，是无可奈何的笑，是悲楚凄凉的笑。等到了后来，牟红成长大成人后，他才终于理解了爷爷的难处："他也知道，如果那时（指1974年，当时文化大革命还没有结束）回来，会是什么样的结果。"

打心眼里，牟红成是希望爷爷能把他留在香港。后来牟红成回忆起此事，说："爷爷说他没能留在父母身边尽孝，我是男孩子，应该留在家照顾父母。"就这样，牟红成并未如愿留下，而是回到栖霞老家继续务农。

此后，牟红成这一辈的几个兄弟结婚，爷爷都惦记着，每人给了几百元的红包。但在有些家人眼里，认为爷爷很小气，出的钱太少。甚至有的人认为："他光顾自己，不考虑家庭，帮家里太少。"

11年后，1995年4月12日，牟宗三在台湾与世长辞，享年87岁。牟宗三在去世前，曾给他的弟子王邦雄等人留下了如下的一段话："你们这一代都有成，我很高兴。我一生无少年运，无青年运，无中年运，只有一点儿老年运。无中年运，不能飞黄腾达、事业成功。教一辈子书，不能买一安身地。只写了一些书，却是有成，古今无两。……你们必须努力，把中外学术主流讲明，融合起来。我做的融合，康德尚做不到。"他的遗言可谓对自己的一生作出了适当的评价。

牟宗三的原配王秀英从小没有上过一天学，一生几乎没有走出过她生活的村庄，但老人一生豁达、性格开朗。"文化大革命"时，因为牟宗三的这种"海外关系"，身在牟家疃村的王秀英和两个孩子没少担惊受怕。忆及往事，牟红成叹了口气说："虽然不至于被拉去批斗，但我爸爸（牟宗三长子牟伯璇）和奶奶总有被歧视的感觉，在村里根本抬不起头来。"也正是由于这个原因，即便在家族内部，王秀英为人处世很谨慎、很低调。晚年，王秀英与她的儿孙们在栖霞幸福地生活着，成了一百多岁的寿星。

牟宗三在大陆的后人除了两个儿子，还有四个孙子，五个孙女，曾孙和曾外孙有十多人。牟宗三在台湾与赵惠元女士结婚后，生子牟元一，曾留学美国，后寓居香港。

牟宗三的孙子牟红成现在在家乡的果品批发市场经营一家苹果商行。虽然没有像爷爷那样做学问，可是爷爷所给予的鼓励和教诲，让牟红成懂得了怎样做人、做事。牟红成经常说："无论如何，都不会给爷爷脸上抹黑！"

牟宗三留给牟红成最大的一笔"遗物"，是他的 16 本著作。牟红成的父亲牟伯璇识字不多，尽管牟红成高中毕业，但他说，这些书也"只能留着，看是看不懂了"。其实，早在给牟伯璇的信中，牟宗三就料道："我那些书，儿孙无能读者，即保存着也无意义，其实也是保存不住的。将来只有保存于社会，社会上自有纪念者。"

牟氏家族的子弟都认定，牟宗三为"牟氏家族自敬祖籍栖霞迄今六百多年来，德业与成就出类拔萃者"。牟家疃的人们也都隐约知道、了解牟宗三的成就和名气，但却对他心怀芥蒂。因为在中国，很多功成名就的人，特别是那些在政界为官的，或者经商发财的，在取得成功后都会为家乡出力，最常见的是修路、办学等，而当年家里倾全力供养出的这个大学生，至死没有多少"回报乡里"的举动，因此人们都认为，这实属不该；特别是与以家族的光大延续为己任的"先辈名人"相比之下，牟宗三算是异数。牟家疃村一位牟氏后人说："他在外面名声再大，对我们村子、对我们来说，也换不来一所学校、一条路啊！"看来，人们从不知晓牟宗三作为一个海外游子的孤独，作为一个学者的艰辛，更不明白他作为一介书生的清贫。

牟宗三离开家乡 58 年，终究未能还"家"。这对家乡、对牟宗三这个漂泊的游子来说都是很大的遗憾。在《五十自叙》中，牟宗三曾深情回忆家乡的山山水水，认为那是自己生命中"最敞亮最开放的时节"，这里不仅让他对生命有了最初的体悟，还导引他思考生命的终极意义。然而在晚年，牟宗三曾感慨道："我民国三十七年就逃难到香港，四十多年还是在逃难，没有停止，因为我无家可归，我原籍是山东栖霞县，但山东栖霞县人不承认我，因我没有户口。我祖宗在山东，但回去无人承认我，只欢迎我带钱回去。我仍在逃难，实为可悲。"

结语　家风传承与家族振兴

家风是家族延续、维持其门第社会政治地位、提高其家族影响的重要因素。同时，家风是家族文化的核心内容之一，世代相承，具有一定的稳定性。

综观牟氏家族六百多年来的发展历程可以看出，为了延续家世，敦睦家族，牟氏家族十分重视家风的建设与传承。长期以来，牟氏家族以儒家思想教育子弟，重视儒学传家，前后相继，恪守儒家之道，为家族的发展奠定了坚实的基础。同时，严格的家庭教育为家族子弟的习业和家族发展创造了良好的条件。家族中的代表人物经常亲自担负教育子侄的重任，不仅在言传身教中对后代子孙潜移默化地树立了榜样，用各种方式教导和勉励他们如何为人处事，还将自己的处事原则写进家训以教导和影响家族子弟。而牟氏历代子弟们遵循父祖们的谆谆教导，继承他们的遗志和遗命，将儒家伦理道德观念与家族意识更为紧密地结合在一起。在严格的家族教育与醇厚的家族儒家文化氛围熏陶下，牟氏家族凝聚成鲜明的家族文化，形成了独具特色的家风，主要体现在"耕读世业"、"勤俭持家"、"忠厚开基"、"孝悌传家"等方面。其中，又以"耕读"与"勤俭"为主要特色和基调。

在中国古代社会中，家风在很大程度上是儒家修身观念与中国传统家族意识相结合的产物。牟氏家族是一个有着深厚儒学修养的文化世家，儒学伦理观念深深植根于家族的血脉之中，因此牟氏家族的家风表象纷繁，但从某种意义上说其核心依然是对儒家传统伦理道德和礼法规范的遵从和恪守。

牟氏家族的家风伴随着家族的发展而不断得到充实，同时为家族的进一步发展提供了有力保障和动力支持。如果说牟氏家族的崛起、振兴得益于对"科举取仕"的执著，那么牟氏家族家风的传承则使得牟氏家族得以开枝散叶、薪火相传，历数百年而不衰。

总之，牟氏家族的家风赋予了牟氏家族旺盛的生命力，提高了牟氏家族适应社会变迁的能力，这是几百年来牟氏家族始终获得稳定发展的奥秘所在。同时，牟氏家族的发展历程告诉我们一个道理：一个家族要想得到持续、长久的发展，必须具有丰厚的文化底蕴，秉持诚厚谦谨的良好家风。

这正是：

秉家训承世业，牟家名人世代泉涌；

凝家风聚族力，山东望族百年振兴。

附录

（一）族谱

1. 栖霞牟氏家族前十世谱系图

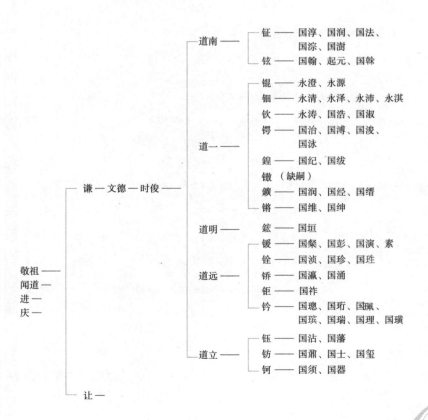

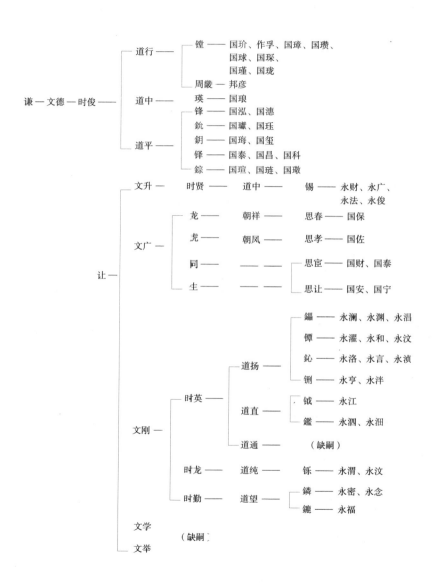

2.牟墨林直系九族谱系图

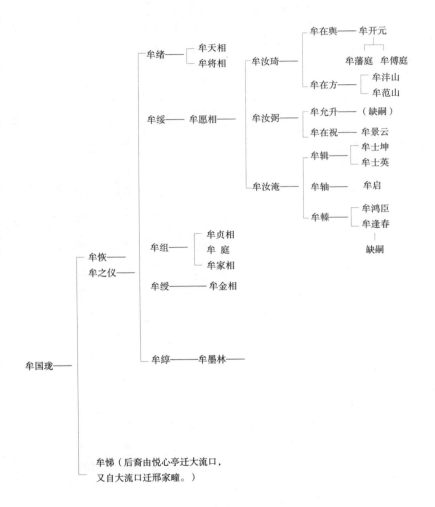

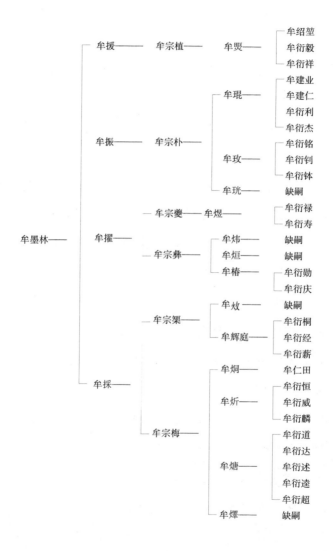

（二）牟氏家族经典家训

1. 第七世牟时俊：邻家日演一部戏，儿曹每课三篇文。

2. 第十世牟国珑《体恕斋家训并序》：

一训勤俭：居家善术，勤俭无忧。勤则事治，俭乃用优。无逸致戒，量入为筹。咨尔小子，开源节流；

一训敦伦：地义天经，生民固有。圣人因之，教乃不朽。施爱施敬，惟孝惟友。咨尔小子，身体力行；

一训修睦：待人处世，惟睦斯亲。宗党族姓，闾里交邻。接之以让，施之以仁。咨尔小子，和气如春；

一训为善：为善最乐，世德堪师。济人利物，排难扶危。矜言茕独，衣解食推。咨尔小子，随分施为。

3. 第十世牟国珑《体恕斋家训规则并序》：

读书以修德为本。

4. 第十世牟国珑《凤伯公遗命》：

修德力学……守此所以尽孝，移此可以作忠。

修己之功，袪私为本；处世之道，容德为先。

服官以邦本为先，养志以守身为大。

俭以居家，量入为出，稍或不谨，涸可立待。

5. 第十世牟国琛《树德务滋家训并叙》：

无言之教，入人最深，一举一动，最纤最屑之事，务端表率，以示后人；

兄弟少长有序，相正以德，相洽以情。

敬重道德高尚之士，疏远货财谀谀之人；

居官事无大小，曲体情理，勿挠于众，勿执于己，虚公详慎，务求可以对天地，可以答君父，可以远祸患，可以兴子孙。

6. 第十世牟国琛：霜露兴思远，箕裘继世长。

7. 牟氏庄园"西忠来"大门对联：耕读世业，勤俭家风。

8. "日新堂"对联：教子孙两条正路曰读曰耕，绍祖宗一点真传克勤克俭。

编辑主持：方国根　李之美

责任编辑：夏　青

版式设计：汪　莹

图书在版编目（CIP）数据

栖霞牟氏家风 / 王海鹏　著 . －北京：人民出版社，2015.11

　（中国名门家风丛书 / 王志民　主编）

ISBN 978－7－01－015096－3

I.①栖…　II.①王…　III.①家庭道德－山东省　IV.① B823.1

中国版本图书馆 CIP 数据核字（2015）第 173547 号

栖霞牟氏家风

QIXIA MOUSHI JIAFENG

王海鹏　著

人民出版社 出版发行

（100706　北京市东城区隆福寺街 99 号）

北京汇林印务有限公司印刷　新华书店经销

2015 年 11 月第 1 版　2015 年 11 月北京第 1 次印刷

开本：880 毫米 × 1230 毫米 1/32　印张：6.75

字数：109 千字

ISBN 978－7－01－015096－3　定价：22.00 元

邮购地址 100706　北京市东城区隆福寺街 99 号

人民东方图书销售中心　电话（010）65250042　65289539